旺铺赢家系列

SHIZHAN JINGPIN XIAODIAN
SHEJI YU SHILI

实战精品小店设计与实例

王芝湘　吴 真　张媛媛　编著

化学工业出版社
·北 京·

精品小店凭借自身丰富多变的特点，正在迅速发展成为一种颇受大众喜爱的经营模式。只有最大限度地利用好有限的小店空间，才能将商品以最佳状态、最佳形式展现给消费者，才能获得更理想的效果以吸引消费者。

本书从精品小店的分类、门面设计、包装元素、陈列设计等诸多方面入手，配合对最时尚、最经典的精品小店设计案例进行剖析，将精品小店以最科学的布局形式、最艺术化的表现方式展现给消费者不一样的视觉饕餮盛宴。

本书将视觉艺术、环境艺术、空间设计、营销管理等多个新兴学科融合，涉及的范围十分广泛。希望通过本书能推动国内精品小店设计的进步与发展，能给予精品小店设计人员、从业人员更多的启迪与启发，达到真正成为“旺铺赢家”的目的。

图书在版编目（CIP）数据

实战精品小店设计与实例／王芝湘，吴真，张媛媛编著．—北京：化学工业出版社，2014.1
（旺铺赢家系列）
ISBN 978-7-122-18858-8

Ⅰ．①实…　Ⅱ．①王…②吴…③张…　Ⅲ．①商店－室内装饰设计　Ⅳ．①TU247.2

中国版本图书馆CIP数据核字（2013）第257616号

责任编辑：朱　彤　　文字编辑：王　琪
责任校对：边　涛　　装帧设计：尹琳琳

出版发行：化学工业出版社（北京市东城区青年湖南街13号　邮政编码100011）
印　　装：北京画中画印刷有限公司
787mm×1092mm　1/16　印张7　字数164千字　　2014年3月北京第1版第1次印刷

购书咨询：010-64518888（传真：010-64519686）　售后服务：010-64518899
网　　址：http://www.cip.com.cn
凡购买本书，如有缺损质量问题，本社销售中心负责调换。

定　　价：38.00元

前言

现代商业的飞速发展，使精品小店作为一种新型的店铺类型出现在人们眼前。精品小店凭借自身丰富多变的特点，引起人们的广泛青睐，正在迅速发展成为一种颇受大众喜爱的经营模式。精品小店设计的主要目标就是尽可能多地吸引过往顾客停下匆匆脚步，仔细观望并吸引他们进店购买。

无论是小店的经营者，还是小店的设计者，都很清楚对精品小店设计而言，就是为了更好地将商品推销出去，从而获得更多的利润。也只有最大限度地利用好有限的小店空间，才能将商品以最佳状态、最佳形式展现给消费者，才能获得更理想的效果，以吸引消费者。

本书从视觉营销的角度介绍国内外前沿的精品小店设计，学习国内外店面设计师如何利用小店有限的空间，进行无限的创作设计，以达到吸引更多潜在消费者的目的。全书内容融合了视觉艺术、环境艺术、空间设计、营销管理等多方面知识，涉及的范围很广。本书还具有图文并茂、内容新、取材广、个性强、艺术性高的特点，努力在读者心目中产生耳目一新的感觉。作者希望通过本书能推动国内精品小店设计的进步与发展，能给予精品小店设计人员、从业人员更多的启迪与启发，进而在工作中不断创新和发展。

本书主要编写工作由王芝湘完成，其他两位作者吴真、张媛媛负责协助搜集资料和编撰工作。同时本书在编写过程中得到化学工业出版社大力支持和帮助，编辑提出宝贵意见并对图文进行辛勤校勘，在此一并表示衷心感谢！

由于作者时间有限，书中不妥之处在所难免，还望广大读者批评和指正。

编著者

2014年1月

第1章　精品小店概述

1.1　精品小店的概念……002

1.2　精品小店的特点……003

1.3　精品小店的定位……005

第2章　精品小店的分类

2.1　店中店……009

　2.1.1　店中店的形态特征……009

　2.1.2　“米奇”精品小店设计分析……010

2.2　独立小店……012

　2.2.1　独立小店的形态特征……012

　2.2.2　欧式女装精品小店设计分析……012

2.3　连锁店……014

　2.3.1　连锁店的形态特征……014

　2.3.2　“哎呀呀”饰品连锁店设计分析……016

第3章　精品小店的门面设计

3.1　精品小店门面的设计原则和要点……020

　3.1.1　流行性……020

　3.1.2　广告特征……020

　3.1.3　鲜明风格和独到之处……020

　3.1.4　形式美兼顾实用性……021

　3.1.5　与环境相呼应，互为衬托……022

　3.1.6　富有变化……023

　3.1.7　经济易行……023

3.2　精品小店门面的设计材质……024

　3.2.1　瓷砖材质的应用……024

　3.2.2　金属材质的应用……024

3.2.3 木材的应用 ……026
3.2.4 玻璃材质的应用 ……026
3.3 精品小店门面的图文设计……027
3.3.1 精品小店门面的标志设计 ……027
3.3.2 精品小店门面的字体设计 ……028
3.3.3 精品小店门面的图形表现 ……028

第4章 精品小店的包装元素

4.1 色彩在精品小店中的应用……030
4.1.1 色彩对精品小店的重要性 ……030
4.1.2 精品小店色彩设计的原则 ……030
4.1.3 不同风格精品小店的色彩设计 ……031
4.2 精品小店的照明应用……035
4.2.1 精品小店照明设计的原则 ……035
4.2.2 精品小店的照明形式 ……037
4.3 精品小店的广告应用……039
4.3.1 精品小店中广告的作用 ……039
4.3.2 精品小店的广告分类 ……041

第5章 精品小店的内部陈列设计

5.1 精品小店陈列设计的意义……056
5.2 精品小店陈列设计的原则……056
5.2.1 一目了然 ……057
5.2.2 展示商品的使用功能 ……057
5.2.3 突出重点商品和特殊商品 ……057
5.2.4 多变少动 ……057
5.2.5 充实、干净、整齐、有序 ……058
5.2.6 适应顾客的购物习惯 ……058
5.2.7 新材料和技术方法的应用 ……059

5.3 精品小店陈列设计的形式要素 …… 061
5.3.1 精品小店的12种陈列形式 …… 061
5.3.2 精品小店不同季节的陈列形式 …… 068
5.4 各类精品小店的陈列策略 …… 072
5.4.1 服饰店 …… 072
5.4.2 食品店 …… 076
5.4.3 家居装饰店 …… 079
5.4.4 流行性商品店 …… 081
5.4.5 生活用品店 …… 084

第6章 精品小店实例分析与展示

6.1 案例一：云南丽江“柴蟲”精品小店 …… 088
6.2 案例二：“TIAS”服装店 …… 090
6.3 案例三：巴塞罗那“Nino”精品鞋店 …… 094
6.4 案例四：“T-Magi”零售茶店 …… 097
6.5 案例五：特拉维夫“Delicatessen 2”服装店 …… 100

参考文献

精品小店概述

1.1　精品小店的概念
1.2　精品小店的特点
1.3　精品小店的定位

1.1 精品小店的概念

精品小店——boutique，这是一个来自于法语的词，它读起来非常有情调。

精品小店的历史可以追溯到1929年，这种业态是由法国设计师勒隆（Lucien Lelong）所创，在当时是一种专门出售各种精美服饰的小型商店，只为较小的群体服务，在店里高级时装、饰品、皮包都会呈现。然而到了20世纪50年代，精品小店开始在世界各地风行，对于现代定义上的精品小店来说，不仅仅是在店铺设计上独具一格，而且还有很多现在流行的DIY产品和各式各样精美的产品，再加上年轻人的经济基础有时不是很好，所以在一定程度上要物美价廉，可以说精品小店的存在满足了当代年轻人的消费需求。所以，精品小店内的商品更新频率很快，每一次流行趋势的变动，都意味着店内商品在配合该店风格的情况下及时更新。如今的精品小店，销售范围越来越大，往往是以一个主题为中心，销售与该主题相关的商品。例如中国香港某“小黄鸭”精品小店，店内所销售的均是以小黄鸭为主题的相关商品，它们从颜色、图案到造型都是围绕小黄鸭醒目的黄色、憨厚可爱的造型来设计的，商品涉猎种类非常广泛，包括杯子、袜子、玩偶等（见图1-1）；又如“招财猫”精品小店，店内所有的商品都是招财猫，走进店内仿佛走进了一个招财猫的海洋，主题明确、个性鲜明（见图1-2）。

图1-1 “小黄鸭”精品小店

图1-2 “招财猫”精品小店

另外，精品小店的种类也有很多，其中包括店中店、独立小店、连锁小店等。在精品小店的精神层面上来说，并不是讲品牌，而是风格化。精品小店不同于专卖店，它不仅仅只卖一个牌子的产品，反而是集合了各种各样的商品，一般来说，精品小店的商品种类比较多，但是每一样商品的存货量都不多。精品小店主要体现的便是“精”这个字，例如在法国的一家“欧舒丹”精品小店内，精致自然的店面设计追随了该品牌的定位，店内商品种类齐全，陈列合理，色彩淡雅，令在此消费的人们身心都会感觉十分舒适（见图1-3 ~图1-6）。

图1-3　精致的“欧舒丹”店面

图1-4　店内商品种类齐全，陈列合理

图1-5　收银台也做了少许陈列规划

图1-6　商品的分类陈列更具条理

1.2 精品小店的特点

精品小店没有专卖店那样的品牌文化作支撑，但是本身的个性和特色都是它的与众不同的地方。我们随处可见的精品小店，现在已经是消费者心目中寻找新鲜和特色的店铺，这都是与精品小店本身的特点分不开的。

首先，精品小店的“精”字概括了店铺内所呈现商品的特点。精品小店所展出的商品大多是店主精挑细选出来的精品，它们不会是满大街随处可见的，也不会是在质量上不能信赖的，更不会是毫无设计感可言的商品。例如，在“迪士尼”精品店的展柜内摆放着各式各样的包具，按照不同系列摆放在不同区域内，每个区域内又摆放着款式各异的包具，这样的摆放会使空间丰富，而且同一系列的不同款式的商品放在一起，更能凸显细节（见图1-7）；又如在木质玩偶店中，采用的是中规中矩的横排式排列，但是为了突出小店的“精”，所以在摆放的时候比较讲究“密度”，商品与商品之间的空隙有疏有密，也比较讲究色彩、形状和种类，即归类摆放——将同类项和类似项摆放在一起，这样更能凸显商品独特的设计和可信的质量（见图1-8）。

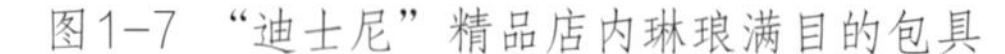

图1-7 “迪士尼”精品店内琳琅满目的包具

图1-8 木质玩偶店内疏密有度的陈列设计

其次，“小”字很大程度上是代表了店铺面积的大小，虽然也有一些如“七色花”之类的精品店占地面积并不小，但是目前大多数的精品店还都是以小面积的店铺居多，所以，消费者对精品店的印象还都是小店铺的样子。例如商品种类繁多的家居用品小店、色彩丰富的时尚女装小店，这样的小店面积基本都很有限，店内空间几乎被商品占满，来回出入的过道最多只能同时容纳两个人行走，但是在店内的装修设计不马虎，特别是细节上的表现，更能随时吸引消费者的注意（见图1-9、图1-10）。

最后，“多”字是描述了店铺内的商品数量。用“麻雀虽小五脏俱全”来形容现在的精品小店是再合适不过了。别看大多数精品小店的占地面积不大，但是店铺内部一应俱全，不仅仅是说店铺的收银台、仓库之类的硬件，而是在说精品小店内展出的商品种类多，总是给消费者眼花缭乱的感觉。所以，在精品小店里对于商品的选择空间是非常大的。例如某儿童用品小店的橱窗展示，从儿童玩具到服装，各种各样的商品有的悬挂在展架上，有的摆放在展柜上，各类商品琳琅满目（见图1-11、图1-12）。

图1-9 商品种类繁多的家居用品小店

图1-10 色彩丰富的时尚女装小店

图1-11　商品种类非常丰富的橱窗展示

图1-12　利用陈列将商品种类分开的儿童用品小店

总之，“精、小、多”三个字可以概括精品小店的特点，这些与众不同的特点才铸就了精品小店这种经营模式，也方便各个层次的消费者。

1.3 精品小店的定位

如同做人一定要有目标一样，精品小店的定位也决定了小店的未来。有了正确的定位，小店就有了坚定不移的目标，可以走得更远，更加顺畅。准确的定位，是选择合适经营方法的基础，而成熟的市场环境，就好像是“背靠大树好乘凉”，只要不犯大错，然后再有那么一点点与众不同就会脱颖而出，所以，必须进行正确的店铺定位，才能在市场竞争中占有一席之地。

对于精品小店这种不靠品牌集聚人气的店铺来说，首先，明确的店铺形象是确定目标顾客的前提条件。它可以为顾客的购买行为起到一个导航的作用，告诉顾客什么样的店铺里最可能存在有吸引力的商品。其次，通过店铺的定位，更加有利于了解竞争对手，随着小店经营实力的增强，可以通过对店铺的重新定位提高小店的适应能力和发现新市场的机会。

精品小店的定位范围主要有以下几个。

（1）目标消费群体的定位　精品小店的最大目标消费群体是年轻人，但是在年轻人中也有更加具体的划分。其中男性消费群体和女性消费群体的主要消费方向就有很大不同，还有儿童消费群体，其消费嗜好更是特殊。所以，在对精品小店进行定位时，首先要确定的是精品小店是为哪一类消费群体服务的。例如在针对女性消费者的珠宝小店中，从店面的设计到灯光色调以及陈列的方式都是迎合女性消费者轻柔曼妙的心理来设计（见图1-13）；又如在儿童玩偶小店中，展架高度都是根据儿童的身高来设计，陈列方式也是以儿童群体最喜欢的堆放方式摆放的，这样没有固定的格局，让小孩没有心理上的压力，可以自由地取放（见图1-14）；再如男装精品小店和女装精品小店所针对的消费群体不同，在店面的设计和陈列中也采用了不一样的手法，男装精品小店主要以平稳简约的风格为主，而女装精品小店主要以新颖别致的风格为主（见图1-15、图1-16）。

图1-13　针对女性消费群体的珠宝小店设计舒缓温馨

图1-14　针对儿童消费群体的玩偶小店陈列方式较随意

图1-15　平稳简约的男装精品小店设计

图1-16　新颖别致的女装精品小店设计

（2）商品类型的定位　精品小店虽然不是同一品牌的店铺，但是在商品的选择上却需要更加费心。消费者们习惯性地对精品小店的个性和新奇性有很大的期待，所以，不论小店是为哪一类消费群体服务，其选择的商品类型都是小店吸引人气的关键所在。例如一家经营动漫周边商品的精品小店，其所选择的商品必须与动漫有一定程度的联系，而且在一定程度上要有新奇的特色，要有一般杂货店里没有的特色商品，这样的精品小店才可以积聚到人气。例如鼓浪屿特色小店，这里的商品没有统一的规格、统一的标志，但是有一样元素却能将它们巧妙地联系起来——质朴自然的材质，如雕花的瓷盘、牛皮纸的纪念册、木框画册、复古台灯，这些极具特色的商品，格外地吸引消费者目光，激起消费者的购买欲（见图1-17）。

（3）店铺风格的定位　精品小店没有品牌精神的负担，所以在店面的装修风格上有很大的选择空间。但是在店铺的风格定位上也不可以漫无边际，虽然是要突出小店的特色与亮点，但是整体店面的风格还是要结合小店所售商品类型和目标消费人群来进行店铺风格的定位。例如民族风服饰店，从壁纸到灯具都选用的是与民族风相关的元素（见图1-18）；又如在瓷器店中，选用木质的桌椅来摆放瓷器，以木头的质朴和平和来凸显瓷器的光滑和温润（见图1-19）；再如街边的特色食品小店，装修选用的是比较通俗和大众的色调，加上具象的标志，虽然没有什么特色，但是容易辨识（见图1-20）；还如动漫小店的装修又是另一种风格，在店面的装修中会出现一些动漫中的场景，如木质的玻璃门窗、布满瓦片的歇山式屋顶（见图1-21）。

图1-17　鼓浪屿特色小店内的商品基本都采用质朴自然的材质

图1-18　民族风服饰店采用了红绿的色彩搭配

图1-19　瓷器店的展具更好地衬托了瓷器的光滑

图1-20　特色食品小店色彩醒目、招牌通俗易懂

图1-21　具有日本特色的动漫小店

精品小店的分类

2.1　店中店
2.2　独立小店
2.3　连锁店

2.1 店中店

2.1.1 店中店的形态特征

店中店英文也可简称为in shop。顾名思义，就是商店里面的商店，多开在百货店或大型商业综合体内。精品小店由于其本身面积的限制，店中店形式的出现可以在面积受限的情况下，依靠大型商业体来增加店内的人流量，故而这种形式的精品小店比较经常被采用。店中店模式的经营，使商家在销售产品的同时，还便于宣传品牌，塑造企业形象；而且相对于传统的货架陈列来说，店中店更容易彰显品牌个性，塑造品牌形象，同时可以提供有针对性、完善的促销活动和售后服务。由此可见，与其他形式的精品小店相比较来说，大型商店巨大的客流量往往是吸引商家进驻店中店的主要原因，但是在享有其优势的情况下，它的形式和管理也不是像单门独户那样不受约束，必须遵循大型商业体的一些规定。通常店中店的店堂布置有自己独特的风格以凸显店面特色，不过它们很少被允许自己设计音乐和售货员制服，商场的优惠活动它们有时也不得不参加。例如商场底商的一个精品小店，主要经营的是香薰生意，通过货架的摆放在大空间中围合出一个子空间，商品摆放井井有条、层次分明，店面设计崇尚自然，生动的空间流线设计不但丰富了整个店面，而且为消费者提供了合理的购物空间（见图2-1、图2-2）；又如“找茶”的店面设计，简洁大方，标志醒目，开放式的销售吧台拉近了与消费者的距离（见图2-3）。

图2-1　合理的空间规划为消费者预留出充足的购物空间

图2-2　店面设计崇尚自然与销售产品理念相一致

图2-3　简洁大方的店面设计，醒目的标志容易引起消费者的注意

2.1.2　“米奇”精品小店设计分析

“米奇”英文名为“Micky”，是迪士尼旗下著名的卡通人物。由米奇作为主角生产的一系列商品在全世界范围内都广受欢迎，不仅是儿童最喜爱的品牌之一，在成年人群体中也有数量巨大的忠实“粉丝”。

例如米奇店中店置身于商场内部，整体空间没有过多色彩，只有少许的红色作为点缀，背景墙以米奇最具代表性的形状作为基础，采用凹凸有致的肌理效果，充分突出店面主题。由于展出商品种类繁多，在陈列设计上应尤为注意，重点销售商品分层摆放在过道旁边，便于消费者取放。照明均匀，凸显商品的真实色彩，整个店面空间虽然不大，但是布局合理，分类明确，成功吸引消费者驻足欣赏（见图2-4 ~图2-11）。

图2-4　以米奇为装饰主题的小店

图2-5　背景墙的设计凹凸有致，富有肌理感

图2-6　重点销售商品分层摆放

图2-7　商品陈列秩序井然

图2-8　同类商品陈列方式的不同增加趣味性

图2-9　不同商品的分类摆放

图2-10　服务设施的摆放不能干扰消费者选取商品

图2-11　过道宽度合理

2.2 独立小店

2.2.1 独立小店的形态特征

独立小店与店中店不同，店中店是商店里的商店，是依附在其他空间中，通过意象空间的划分，在人们的心理上产生的一个子空间，而独立小店是独立、确确实实存在、不依附于周边其他环境的一个真实的空间。独立小店是具有一定封闭性、独立性的围合空间。这种类型的精品小店，首先，在设计的风格、色彩、布局中不会受到周边其他环境的影响；其次，有明确的空间划分和独立的出入口；最后，就是即使再小内部也会有售卖区、展示区、收银台、储藏室这样的基本功能空间。例如这种可以独立存在的，而且不依附于其环境的，具有封闭性和独立性的围合空间独立精品小店，店面造型夸张不受约束（见图2-12），门口雕塑奇特新颖引人注目（见图2-13），色彩绚丽与众不同（见图2-14），材质逼真营造自然氛围（见图2-15）。

2.2.2 欧式女装精品小店设计分析

行走在欧洲街头总是能看到一些设计独特、不拘一格的精品小店，它们面积不大但设施齐全。为了最有效地利用有限的空间，设计师在设计小店的时候总是首先将空间的规划作为第一位，其次是细节的安排。

例如某欧式女装小店经营的服装风格偏向民族风，所以店面的装饰上为了与服装风格保持一致，在小店入口处两侧放置了民族纹样的装饰物。店面采用了大面积的玻璃材质来增加小店的通

图2-12 店面造型夸张不受约束

图2-13 门口雕塑奇特新颖引人注目

透感，这样一来，行人在店铺外部也能了解店内的信息。天花板的设计是小店最大的亮点，设计师在天花板上铺满了栅格状的铁网，将蓝色、白色的玻璃瓶体扣进每一个栅格内，形成了很有冲击力的视觉效果（见图2-16 ~图2-23）。

图2-14　色彩绚丽与众不同

图2-15　材质逼真营造自然氛围

图2-16　用气球组成的拱形门告诉消费者店内的打折活动

图2-17　玻璃的通透性很适合面积不大的小店

图2-18　入口处的装饰物

图2-19　迎合了民族色彩的装饰纹样

图2-20　店内色彩十分丰富

图2-21　天花板的设计是整间店铺的点睛之笔

图2-22　分类陈列的商品展示

图2-23　流水台放置了许多配饰商品

2.3 连锁店

2.3.1　连锁店的形态特征

连锁店是指众多小规模、分散、经营同类商品和服务的同一品牌的零售店，在总部的组织领导下，采取共同的经营方针、一致的营销行动，实行集中采购和分散销售的有机结合，通过规范化经营实现规模经济效益的联合。连锁店的形式可以包括批发、零售等行业，乃至饮食及服务行业都可以连锁式策略经营，精品小店中的连锁店以饰品店、化妆品店、服装店为主。它们的店面设计中，店头、标志、色彩、货柜都采用的是统一的风格，这样有利于加深人们对品牌的印象，有助于市场的推广。例如美妆潮品连锁店——“美爆”、时尚情侣T恤品牌连锁店——“衫国演义”、银饰连锁店——“老银匠”，这些都是不同领域的连锁店（见图2-24 ~图2-26）。

图2-24　美妆潮品连锁店——“美爆”

图2-25　时尚情侣T恤品牌连锁店——“衫国演义”

图2-26　银饰连锁店——“老银匠”

2.3.2 “哎呀呀”饰品连锁店设计分析

2004年12月“哎呀呀”品牌诞生，经过五年的努力，“哎呀呀”凭借其特殊的营销模式、不断进取的信心与决心、卓越的创新能力、团队间的精诚合作、激情的企业文化等发展成为具有一定知名度的品牌公司，它专为广大女孩提供优质的潮流时尚饰品，包括时尚饰品、化妆品、化妆工具、精美小礼品等，多年来一直秉承着“平价、时尚、热情、欢乐”的经营理念，致力研究并满足消费者的需求，迅速占领了中国市场，被称为女孩饰品专家。

“哎呀呀”的整体设计中一直以女性喜爱的梦幻美为中心，不仅在logo中大量使用了粉色，店面装饰上更是采用了粉色作为主色调，加上白色的点缀，这样的色彩搭配是每个女孩心中最梦幻的色彩组合。陈列展具有高有矮，商品种类分区合理，使消费者在全国任何一家“哎呀呀”店都能迅速找到所需商品的位置，舒缓的照明和整齐的通道营造了一个轻松的购物空间（见图2-27 ~图2-36）。

图2-27 可爱的“哎呀呀”logo

图2-28 符合产品青春定位的代言人

图2-29 大面积粉色的装饰不经意间流露出的可爱感

图2-30　各地店面设计上的统一性

图2-31　夜间照明下的店面

图2-32　橱窗中可爱的道具设计

图2-33　简洁的吊顶更好地将消费者视线集中在产品上

图2-34　合理的商品分区

图2-35　高矮不同的陈列展具

图2-36　舒缓的照明和整齐的通道营造了一个轻松的购物空间

精品小店的门面设计

3.1　精品小店门面的设计原则和要点
3.2　精品小店门面的设计材质
3.3　精品小店门面的图文设计

3.1 精品小店门面的设计原则和要点

3.1.1 流行性

在现代社会里，人们不管是在物质生活上还是精神生活上，无一不打着时尚的烙印，无论什么人们都讲求一个流行，精品小店的门面设计也不例外。精品小店的门面设计要有时尚感，让顾客从门前经过时能够清晰地了解店铺的经营类型和风格特点，能够仅凭店铺门面就可以体会到当下的流行元素，获取时尚信息。创意与店铺形象对位才能更好地表达店面卖场的信息。例如“body pop”专卖店，店铺的装修使用了粉蓝、粉红颜色，并且将时下流行的波点元素应用到其中，让人对其风格特点及消费群体一目了然（见图3-1）；又如“beate uhse”精品小店，将店面的时新商品置于临街的橱窗中，既方便顾客了解商品，又有利于流行元素的传达（见图3-2）。

图3-1 “body pop”专卖店

图3-2 “beate uhse”精品小店

3.1.2 广告特征

好的店铺门面要能满足消费者的信息需求,具有明显的广告特性。人们在逛街的时候，更多的是想收集消费信息，在浏览店面的时候，知名品牌的店面往往更容易吸引消费者。这并不一定是该店面设计的形式有多突出，更多的还是品牌带来的附加信息影响了消费者的选择。根据商店自身的特点，在店面设计中考虑体现一定的信息量是必要的。例如现代形式的快餐店，透明的橱窗里摆放的实物模型色泽鲜艳，让人垂涎欲滴，让路人一目了然，极具广告效应（见图3-3）；又如某小店用依云矿泉水的瓶子做成的大型装饰物，使顾客一目了然，便于选购（见图3-4）。

3.1.3 鲜明风格和独到之处

精品小店的店面设计应该保持在同类店面中的差异性，要有自己鲜明的风格特点和独到之处。只有具有独到的风格才能使消费者在诸多店面中保持较清晰印象，才能更容易引起顾客的关注。精品小店的店面在设计时，要有自己鲜明独特的特点，只有差异性才能最大限度体现自己不可替代的价值。例如“58度C”精品小店，店铺外部装饰有彩灯，便于路人在夜晚时找到店铺的位置，黄色背景上简单的店铺名称既简洁又显眼（见图3-5）；又如“Di”精品小店，店面虽小，但门面的独特设计却吸引了不少顾客（见图3-6）。

图3-3 透明的橱窗里摆放的实物模型色泽鲜艳，让人垂涎欲滴

图3-4 依云矿泉水的大型装饰物非常显眼

图3-5 “58度C”精品小店

图3-6 “Di”精品小店

3.1.4 形式美兼顾实用性

我们所说的形式美主要指视觉上的舒适，但是店面可不仅仅是视觉上的需求，还有一些功能性的限制或多或少地影响视觉上的美观。造型的一些实用性特征有利于辅助形式美的实施与保持，这就是造型应兼顾实用的意义。例如某两个精品小店，这两个小店共同的特点是在稍显简洁的建筑物外表上做一些简单的装饰，既兼顾美观又符合店面形象（见图3-7、图3-8）。

图3-7　黑白搭配的精品小店

图3-8　简洁大方的精品小店

图3-9　简洁的橱窗设计让精品小店从周围脱颖而出

3.1.5　与环境相呼应，互为衬托

不论店面是在室内还是在室外，都离不开周边环境对其的影响。一方面，店面要从纷乱的环境中突现出来；另一方面，还要融入购物的环境大氛围。因此，在设计造型时要先分析店面周边的环境特点，考虑与之相适应的造型。如果能利用有限的条件，突出一种造型语言，反而更容易从环境中跳出来。例如某些精品小店，它们色彩素雅，占地面积不大，欧式的橱窗设计既能体现店铺特点又不会与周围环境相背离（见图3-9、图3-10）。

图3-10　店面色彩素雅与周围环境相呼应

3.1.6 富有变化

优秀的店铺门面应该富于变化，能够因时因势地做出反应。理解这一点，首先我们要改变过去的一种认知，那就是店面不是一成不变的，不应仅仅是维持装修后的样子。我们生活的社会总是有各种各样的热门关注、年节活动，能顺应时势变化才能更好地融入人们的关注。多样的展示形式适用于不同的销售环境，因地而异、因时而异，多变的形态能让消费者体会到新鲜的感觉。例如某女装精品小店，小店春季新装的橱窗，“Spring”字体配上生日蛋糕的贴图，充分展示应季的效果（见图3-11）；又如某包具精品小店，店面天花板的吊饰设计十分引人注目（见图3-12）。

图3-11　充分展示应季效果的女装精品小店橱窗

图3-12　精心设计的天花板引人注目

3.1.7 经济易行

对于像精品小店这种具有面向大众特点的店面，由于受到资金、店铺面积、品牌定位等因素的影响，店铺的门面在设计时应该尽量走简洁路线，体现经济性和实施的可行性。小店顾客的需求就决定了店面的信息量多少。吸引大众化的消费，店面要体现品种多样、货源充足、价廉物美、人气十足等信息，因此在造型上既要表现丰富又要能节省资金便于实施。例如“糖糖”精品小店和简约风格的甜品小店，两个小店都有异曲同工之处，利用广告说明文字或是简单的玻璃印花作为橱窗与隔断，通透而富有功能性，以这种方式打造可爱的小店，效果很经济而且合理（见图3-13、图3-14）。

图3-13 “糖糖”精品小店

图3-14 简约风格的甜品小店

3.2 精品小店门面的设计材质

3.2.1 瓷砖材质的应用

瓷砖是一种人工饰面材料，其大致可分为陶片和瓷片两大类。视觉上，陶片更古朴温和，瓷片更细腻秀丽。瓷砖由不同大小尺寸组合，加之组合方式多样，使铺装面的几何线条立刻发生变化，在秩序中体现着生动的韵律。例如“佐丹奴”店面，采用大理石材质的外墙尽显规整大气（见图3-15）；又如“Primavera cafe”店面的外墙部分贴上带有花纹、肌理的瓷砖，配上简洁的蓝色店名，既大方又不显寡淡（见图3-16）；再如“MY FASHION”精品店铺，具有肌理效果的店铺装饰墙面，与店面风格相符（见图3-17）；还如化妆品精品小店，仿金属效果的瓷砖与店面氛围相得益彰（见图3-18）。

3.2.2 金属材质的应用

市场上常见的金属材料主要分为板材和型材两种。金属型材常用于店面的框架搭接，再与玻璃等其他材料搭配出现，突出现代工业的科技感与冷峻感。金属型材也可制成自由造型出现，起到装饰面材的作用。单一的金属材料较冷漠，一般为了中和这种材质的冷漠感，最好搭配一些其他属性的材料一起出现。例如“面包新语”小店，店面主要材质全部采用不锈钢，视觉上较另类，但也使人联想到干净的厨房工坊（见图3-19）；又如某女装精品店铺，金属与玻璃搭配体现现代感，店牌上酷似巧克力块的设计又减弱了金属、玻璃的冷漠感（见图3-20）。

图3-15 采用大理石材质的外墙尽显规整大气

图3-16 简洁中又不显寡淡的“Primavera cafe”店面

图3-17 具有肌理效果的“MY FASHION”精品店铺

图3-18 仿金属效果的瓷砖与店面氛围相得益彰

图3-19 “面包新语”小店

图3-20 女装精品店铺金属与玻璃搭配体现现代感

3.2.3　木材的应用

木材天生具有亲和力。不论是精细加工过的板材，还是粗略加工的原木，都散发着自然、朴实的气息。木材种类很多，天然的纹理、硬度特性也各不相同。木料在使用的方式上变化很多，将其裁成条状型材或板材的方式是极为普遍的。例如“满记甜品”店，采用木质的店面招牌，深棕色的木质给人感觉朴实、不浮夸，凸显亲和力（见图3-21）；又如“EXCEPTION”例外服装店，整个店面的装修采用木条材质，具有一定肌理效果，整体效果与品牌追求的简洁、朴实、舒适、文艺风格相符合（见图3-22）。

图3-21　深棕色的木质“满记甜品”店店面招牌

图3-22　“EXCEPTION”例外服装店

3.2.4　玻璃材质的应用

玻璃简单分类主要分为平板玻璃和特种玻璃。玻璃的装饰性很强，但是极少单独使用。其总是要与各种材质的框架配合使用，如轻钢、塑钢、实木等，或搭配一些特定金属连接件。玻璃除玻璃幕墙建筑外，极少大块面整体使用，多以中小块拼接成型。例如某西餐厅小店，在店铺入口两侧，临街处设置玻璃材质的实物展柜，非常通透，便于商品的真实展现和顾客的选择（见图3-23）；又如“奇华饼家”美食小店，以玻璃材质直接打造敞开式的店面，给人一种简洁、干净、温馨的感觉（见图3-24）。

图3-23　玻璃材质的实物展柜，便于消费者选择

图3-24　敞开式设计的“奇华饼家”美食小店

3.3 精品小店门面的图文设计

3.3.1 精品小店门面的标志设计

店标的设计，一般以图标加字标的形式出现较为普遍。店名要同小店的经营内容、整体风格相一致，能够代表小店的经营定位。

图标的设计思路可以从以下几个方面入手：首先，图标创意尽量符合卖场的定位及其理念信息；其次，提炼造型时，尽量考虑其图形的可加工性；再次，简化视觉元素，同时加强图标信息的唯一性；最后，设计图标时，要考虑环境背景对图标的影响。例如“mina”店面的标志设计，流畅优美的文字，结合局部类似古罗马柱形的造型，极具女性特征，体现店面的风格特色（见图3-25）；又如“Holiday jnn”店牌的设计简洁大方，青绿色底色上反白字，简洁而不失活泼（见图3-26）。

文字是表达信息最直接的手段，因此对于店面而言，字标比图标的作用更大，所以店标设计的重点往往在字标的设计。目前较普遍的方式是中英文字标组合形成店标。例如“果道”饮品店店牌，中英文结合的店标，为了便于识记变换了字体的颜色（见图3-27）；又如“匹克”运动店店牌，鲜亮的大红色配上规整简洁的中英文字体，非常惹人注目（见图3-28）。

图3-25 “mina”店面标志

图3-26 “Holiday jnn”店牌

图3-27 “果道”饮品店店牌

图3-28 “匹克”运动店店牌

3.3.2 精品小店门面的字体设计

在店面招牌设计中，文字的美术设计起着很大的作用。文字的美术设计是为了增强店面招牌的感染力与冲击力，从而有效地表达小店的经营主题和经营理念，其字体的选择和设计不单是提供一种美好的汉字形体，供顾客识别和欣赏，更多的是强调字体的内涵和视觉冲击力，强调抓住顾客的心理和审美特点，给人以耐人寻味的文化娱乐。在店名美术设计过程中，可以以现有印刷字体为基础，在符合文字结构和欣赏习惯的前提下，灵活地重新组织字形和笔画，在艺术上做较大的自由变化。但无论字体字形有多大的变化，都要照顾到方便实用，字形变化和谐，符合品牌理念。例如“周大福”店牌，在黑体字基础上加以艺术的改造变得更加圆润、可爱，不失严谨，给人一种细腻和文化积淀的感觉（见图3-29）；又如“邓老凉茶”店牌，也是在传统毛笔字的基础上做了改动形成的（见图3-30）。

3.3.3 精品小店门面的图形表现

店面招牌中的图形表现主要由店标图形和辅助图案两类图形构成。店标图形的出现方式、位置、比例大小等因素是控制图形表现力的关键。招牌上若要使用辅助图案，那么图案部分的应用一定要很谨慎，在招牌中的分量不能过重，图案的整体风格要注意与文字风格以及整个店面风格相一致。例如“ROSSMAN”店面招牌，红色的店名几乎占据了整个店牌，在英文字母“O”中稍加装饰，使整个店牌更显大方别致、粗中有细、别具特色（见图3-31）；又如“大禾寿司”店牌，更是简洁明了，让人一眼便可知道店铺商品特色（见图3-32）。

图3-29 “周大福”店牌

图3-30 “邓老凉茶”店牌

图3-31 “ROSSMAN”店面招牌

图3-32 “大禾寿司”店牌

第4章 精品小店的包装元素

4.1　色彩在精品小店中的应用
4.2　精品小店的照明应用
4.3　精品小店的广告应用

4.1 色彩在精品小店中的应用

4.1.1 色彩对精品小店的重要性

色彩在设计创作中起到非常重要的作用，精品小店的色彩选择亦非常重要，会直接地影响顾客的数量。卖场中的精品小店应该对整个店铺的色彩进行有计划、有目的的设计、规划和使用，惹人注意的精品小店大都很好地利用了色彩的功能。

4.1.2 精品小店色彩设计的原则

（1）与销售产品属性相符　店铺的色彩设计作为商店商业广告宣传中的重要因素，它的色彩设计与销售产品的属性，在长期、自然的情况之下形成了它们特有、内在的联系。对色彩感受的长期积累，为我们在设计时提供了必要而有效的证据。不同类别的商品在消费者的心目中都有其根深蒂固、不因广告宣传而轻易改变的“固有色”、“基本色”、“惯用色”。

精品小店在色彩的运用上，要参考其销售商品的属性，只有根据精品小店的销售产品的属性进行店铺的色彩装饰，才能够更明确地确立店铺的行业归类，能够更好地引导消费者进行消费，不会混淆受众的视觉辨别（见图4-1、图4-2）。

（2）与所在商业区环境和谐统一　在进行店面设计时，应考虑本店面的色彩与周边环境的色彩是否和谐统一。因为多个店面组合在一起的色彩效果，已经与城市视觉环境融为一体，反映这个商业区的整体风貌形象。如果店面设计师执意根据个人的意愿和品位随意选择自己喜好、凸显刺激的色彩，必然会造成商业街视觉混乱，使整个商业街的人文环境、商业气氛支离破碎。因此作为整个商业区有必要根据整体环境的风格与形态，规范色彩的应用（见图4-3 ~图4-5）。

图4-1“班尼路”在英文里的意思是鲸鱼，所以蓝色最能体现其品牌

图4-2　女性味十足的“粉色”

图4-3　减少了红色的麦当劳（一）

图4-4　减少了红色的麦当劳（二）

图4-5　在不影响视觉信息的地方使用红色

（3）不脱离“变化统一”的用色原则　占据最大面积的颜色的性质，决定了整体色调的倾向和所要表现的属性。不一味强调整体色调的统一，会使小店的整体视觉冲击力减弱，没有生机，运用小面积的对比色可以使画面活跃，也可以使小店要推销的产品得到强化和突出。在设计中，变化和统一都不是一成不变的，变化是局部的，统一却是全局的，才能做到既有对比又不失和谐的统一感，从而也能使小店的色彩设计、应用更好地起到它应起的作用（见图4-6 ~图4-9）。

4.1.3　不同风格精品小店的色彩设计

（1）复古风格　复古风格的设计其实就是经过改良的古典主义风格，也有人称之为“新古典主义”。一方面保留了材质色彩的大致风格，仍然可以很强烈地感受传统的历史痕迹与浑厚的文化底蕴，另一方面又摒弃了过于复杂的肌理和装饰，简化了线条。在国内中式复古风格的店面设计上，以深木色为主要色彩，适当配以其他色彩，配色中以红、黄色系色彩居多（见图4-10 ~图4-13）。

图4-6 金属材质丰富了色彩的变化

图4-7 高明度浅绿色中规律排列着低明度深绿色块

图4-8 虽然使用了高彩度的粉色，但其体量较少，而且有大面积的白色削弱粉色的高彩度刺激性

图4-9 浅绿色与木质搭配体现自然气息

图4-10 黑色铁艺造型，很具有早期工业革命时期的怀旧风格

图4-11 复古风格的雕花装饰与深色搭配，充分利用老建筑本身的建筑特色，具有很强的欧洲古典风格

图4-12 入口处采用意大利式花窗玻璃、木门

图4-13 中式复古风格店面

（2）简约风格 简约风格就是简单而有品位。这种品位体现在设计上对细节的把握，每一个细小的局部和装饰都要深思熟虑，在施工上更要求精工细作。在色彩应用上最多不超过两种主体色，体现一种简而精、节约高效的现代视觉效果。许多现代前卫理念的店铺多采用此种风格的店面（见图4-14 ~图4-17）。

（3）卡通风格 卡通形象是为了适应少年儿童成长发育阶段的需求相应产生的。将一些有形或者无形的东西，赋予其拟人化的特点，以可爱或者搞笑的形象展现出来。一般在儿童或卡通题材的店面多采用这种风格，在店面素材和颜色的应用上都应该尽量显得具有童趣，色彩运用应该鲜艳、明亮、大胆，尽量避免使用一些灰暗、纯度低的色彩。丰富的色彩以及吉祥物形象的运用非常重要。但切记把握好形象、色彩的主次比例及店面信息量，否则店面形象很容易凌乱（见图4-18 ~图4-20）。

图4-14 “COACH”店，基本上就是利用其现代风格的建筑本身充当店面

图4-15 店面基本上没有多余的装饰，值得称道的细节是全无框玻璃，体现极简主义的设计思想

图4-16　设计的内容少，但是其各部分比例控制得极好

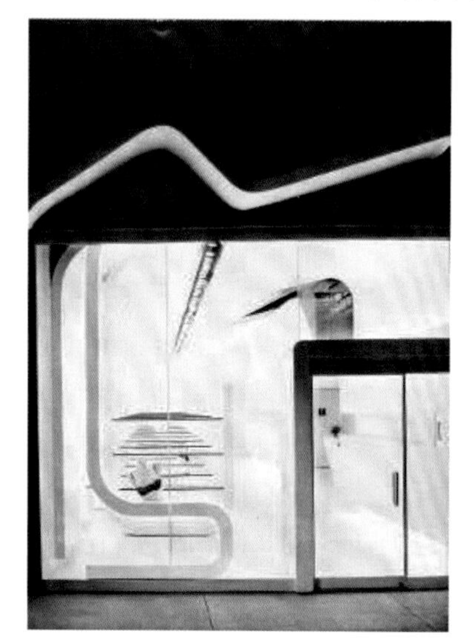

图4-17　简洁且视觉冲击力强

图4-18　卡通形象店面（一）

图4-19　卡通形象店面（二）

图4-20　卡通形象店面（三）

（4）夸张风格　夸张是将物体原有的特点进行放大、凸显。夸张有时不免会多少带有一些诙谐的元素。夸张风格有时会在一些业务特征明显的店面使用，其中娱乐性店面居多，其需要夸张的造型、炫目的色彩，来吸引顾客注意，并且留下深刻印象。夸张风格的店面在色彩运用上不一定要纯度高或者明度高，其用色上关键在于突出“大胆”两个字，要能够产生强烈的视觉冲击力，具有明显与众不同的特点。

精品小店的照明应用

4.2.1 精品小店照明设计的原则

（1）照明设计吸引原则　在小店销售展示中，灯光也是吸引顾客的一种重要元素。适当地调高店铺里的灯光照度将会提高顾客的进店率。所以店铺一般都会采用明亮的照度。制造吸引顾客的灯光效果包括：适当增加橱窗灯光的亮度，超过隔壁商店的亮度，使橱窗变得更有吸引力和视觉冲击力；善用灯光的强弱以及照射角度的变化，使展示的商品更富有立体感和质感（见图4-21、图4-22）。

（2）真实显色原则　真实显色原则在服装店中显得尤其重要，为了达到真实的还原色彩，在店铺中选用重点照明的灯光，应该考虑色彩真实的还原性，其色温一般要接近日光灯。根据不同部位对光源显色性的不同要求，店铺中重点推荐以及正挂展示的服装灯光显色要好。为了达到一定的效果，橱窗灯光可以不用过多地考虑显色性（见图4-23、图4-24）。

图4-21　炫目的灯光把消费者吸引过来

图4-22　七巧节的专题陈列利用灯光打造皮影戏效果

（3）层次分明原则　店铺中的灯光也像舞台剧中的灯光一样，可以用灯光的强弱来告知卖场中的主角是谁。巧妙地利用灯光能区分各区域的功能、主次，给顾客一种心理暗示。在重要部位加强灯光的照度，在一般部位只满足基本的照度。这样用灯光使整个卖场主次分明，并且富有节奏感，同时也可以控制电力成本（见图4-25、图4-26）。

图4-23　接近自然光显色效果最佳

图4-24　光源的合理选择对照明效果很重要

图4-25　层次丰富富于节奏感的照明

图4-26　多层次照明更具吸引力

（4）与品牌风格吻合　针对不同的品牌定位和顾客群，其灯光的规划也有所不同。在一般情况下，大众化的品牌店，由于价位比较低，往往追求速战速决的营销方式，所以灯光的照度较高。大量以基本照明为主，和重点照明照度差距较小，其基本照明比高档品牌店要相对亮一些。高档品牌店为了追求一种剧场式的效果，其做法往往通过降低基础照明的照度，使局部照明显得更富有效果，以营造剧场式的氛围（见图4-27、图4-28）。

图4-27　对比强烈的照明方案更能体现品牌风格

图4-28　灯带的运用使空间扩大

4.2.2　精品小店的照明形式

小店的照明可以分为整体照明、重点照明、气氛照明等照明形式，每种形式都有着不同的功能和特点。

（1）整体照明　整个小店售卖空间的照明，通常采用泛光照明或间接照明的方式。也可以根据场地的具体情况，采用自然光作为整体照明的光源。整体照明的照度不宜太强。在一些设有电视、显示设备的区域，还要通过遮挡等方法，减少整体照明光源的影响。在一些人工照明的环境中，整体照明的光源可以根据展示活动的要求和人流情况，有意识地增强或减弱，创造一种富有艺术感染力的光环境。在通常情况下，为了突出商品的光照效果，加强商品与其他区域的对比，整体照明常常控制在较低照度水平下，除了某些区域为了有意识地引导观众和疏导人流，利用灯光的强弱做一些示意性的照明外，其他区域的整体照明都不宜超出商品展示区域的照明。作为服装店整体照明的光源，通常采用发光顶棚、吊灯，或直接用发光元器件构成的吊顶在四周设置泛光灯具。也可以利用泛光灯具照射天花板，获得较柔和的反射（见图4-29、图4-30）。

（2）重点照明　为了突出商品的展示效果，在重点展区对主要展品要采用灯光做重点照明。宜选用带反光或聚光装置的投光灯或射灯，也可利用展台、展架上方的轨道灯。灯光照射不宜过于均匀，在方向上应有所侧重，以侧逆光来强调展品的立体感。对需要均衡照明的对象，如文字、图片等，宜采用发光柔和、带格栅的荧光灯。对色彩分辨要求比较高的展品，宜用显色性好的光源，如日光灯或白炽灯与荧光灯混合的光源。展品的温度上升大致和辐射照度成比例，故使用单位照度的辐射照度低的光源能减少温度上升。为降低灯泡的辐射照度可使用防热滤光片，荧光灯则用普通玻璃即可（见图4-31、图4-32）。

图4-29　天花板上的小灯既有照明的功能，又极富装饰感，给人温馨、柔和的感觉

图4-30　直接照明效果明暗对比强，更能突出商品

图4-31　通过灯光突出重点商品陈列效果

图4-32　“周大福”展柜中的照明使首饰更具珠光宝气

（3）气氛照明　在商品展示的空间内，可运用泛光灯、霓虹灯、激光灯和LED灯等设施，通过精心的设计，营造出别样的艺术气氛。采用气氛照明灯光可消除暗影，在重点商品展示中制造出与众不同的效果。在橱窗等环境中还可以采用加滤色片的灯具，制造出各种色彩的光源，造成戏剧性的效果。进行色彩处理，是照明艺术的另一个内容。设计师可以利用冷色调的光模仿月光的自然效果，也可以用暖色调的光制造出炎热的阳光或炽热的火光效果。这种照明手法多用于服装橱窗展示，创造出美轮美奂的艺术氛围。例如某卖场采用了红色照明作为整体空间的主色调，这样的效果不仅增加了整体店面的色彩感觉，也烘托了卖场的神秘时尚感（见图4-33、图4-34）。

图4-33　红色效果的营造

图4-34　气氛照明突出对比效果

4.3 精品小店的广告应用

4.3.1　精品小店中广告的作用

（1）传递商品信息、反映商店特色　商品不同，小店的规模大小也会不同，具体反映在外观、氛围和环境的布局及经营手段上也不一样。小店的功能划分不同，诱导顾客的店面广告设计形式也不同，但形象地传递商品信息，醒目、简洁地反映商店特色却是共同追求的目标。例如“GUCCI”采用了简洁的背景装饰来突出展示内容（见图4-35）；又如“NARS”的店面通透简洁，很有效地传递了卖场内部的信息（见图4-36）；再如“麦当劳”则将其最具有代表性的字

图4-35　“GUCCI”的品牌就是其最好的展示内容

图4-36　女性化纤细的“NARS”化妆品店面

符作为宣传的广告形式（见图4-37）；还如某卖场橱窗展示中采用了醒目的大型字体来传递信息（见图4-38）。

图4-37 “麦当劳”将最具有代表性的字符作为广告形式

图4-38 信息量适中的店面设计

（2）展示小店个性、吸引消费者注意 精品小店的广告在一定程度上起到导向作用，不仅要把小店的经营内容告诉顾客，还要展示出小店不同于他人的个性之处，引发消费者去一探究竟的好奇心，更好地吸引消费者注意。例如“swatch”卖场采用了与众不同的材质打造的效果充分表达了店内的商品内容，使人一目了然（见图4-39）；又如某饮品卖场则采用了令消费者浮想联翩的抽象符号，为店面增加了许多吸引力（见图4-40）。

图4-39 以“表”为元素的设计组合

图4-40 通过对漫画的联想增加摊位吸引力

（3）美化城市，集欣赏性、艺术性、参与性于一体 精品小店的店面广告作为售点广告的一部分，应与小店所处的环境和城市布局相协调，才能起到美化城市、点缀商场的作用，让过路行人驻足观赏，流连忘返，诱发其购物欲望。精品小店的店面广告的设计应立足于环境艺术这一基本点来进行创意和设计，例如“swatch”店面整体采用心形造型来切合其设计主题，红色与白色相搭配的色调给人温馨生动的视觉感受，再用蝴蝶作为点缀，栩栩如生，不仅点缀了周围环境，也吸引了消费者的目光（见图4-41、图4-42）。

图4-41　集欣赏性、艺术性、参与性于一体的“swatch”个性小店（一）

图4-42　集欣赏性、艺术性、参与性于一体的“swatch”个性小店（二）

4.3.2　精品小店的广告分类

4.3.2.1　店面形象广告

在售点广告中，店面广告应该树立起商店的形象，使消费者在店铺林立的群体中能够方便地找到自己需要的商品。店面形象广告对于树立良好的品牌形象起了非常重要的作用。

（1）店面形象广告的特点

① 醒目性　在最短的时间内向消费群体传达最多的信息，是现代商业广告普遍要解决的问题。作为小店的“脸面”，小店的店面形象一定要醒目，能够强烈地刺激到消费者，引起他们足够的注意。例如“海王老记”的古代建筑形式非常醒目（见图4-43）；又如某咖啡馆外部建筑结构虽然简洁，但是在灯光色彩上煞费心思，精美的灯光照明令消费者流连忘返（见图4-44）。

图4-43　模仿中国古代建筑形式做成的门面足以吸引眼球

图4-44　咖啡馆外观形象

② 创新性　精品小店的店面形象广告在设计制作时，要着重地体现它的创新性特点。在设计元素的运用上可以多种多样，在造型语言的设计上有很大的发展和创新的空间，在设计时可以根据情况，进行相应的夸张，加入一些滑稽、诙谐的元素也能产生很好的创新效果。例如“拓

谷”店面通过模拟自然形态的设计手法，来突出其品牌理念，是一种非常具有创新性的广告手法（见图4-45）；又如某卖场外部墙体具有冲击力的彩绘也是一种很有创新性的广告手法（见图4-46）。

图4-45 “拓谷”品牌店的店面，完全模拟自然山洞与藤蔓的环境，突出自然、探险的理念

图4-46 墙外彩绘具有很强的视觉冲击力

③ 统一性 统一性即要注意店面给人的整体感觉，在店面的外部形象上，要给人们完整、协调一致的感觉，这包括了店面的造型、店面的色彩运用和店面的灯光、材质的使用。要根据小店销售商品的范围和行业的特点进行相应的统一规划，例如“yy club”白方块造型的整体排列让整个店面之间的元素相互统一（见图4-47）；又如“I. P. ZONE”无论在广告字体的选择还是在背景材质的选择上都结合了嘻哈的品牌理念（见图4-48、图4-49）。

图4-47 “yy club”店面，占大部分面积的白方块造型使得其整体形象统一不凌乱

图4-48 “I. P. ZONE”店外

图4-49 “I. P. ZONE”店内皆体现了街头文化、嘻哈风格的服装品牌理念

④ 艺术性 店面形象广告要具有一些创新性的设计和独特的艺术内涵。它们是与消费者接触非常密切的广告形式，它在传递商品信息、美化周围购物环境的同时，也担当着提高消费者精神文明水平、愉悦消费者的任务。它不但起到强化消费信息的作用，还体现了设计者的聪明才智。

独特的形式、美观的图文搭配和亮丽的色彩组合，使店面形象广告不但具有极大的实用性，还具有很浓厚的艺术气息。例如“ChristaMetek”独特的门窗设计非常具有艺术性，耐人寻味（见图4-50）；又如“MCQUEEN”的店面则非常具有现代感，简洁大方的外部设计突出了店内的商品，在材质的选择上和广告内容的排版是最令人欣赏之处（见图4-51）。

图4-50 “Christa Metek”店特色的门窗方式

图4-51“MCQUEEN”的店面极具现代感，虚幻的意境设计却给店面增色不少，店面的“少”正好凸显了店内的“多”

（2）精品小店店面形象广告的创新

① 店面的造型　店面造型是商店的外部形象能否给路人和消费者留下美好的第一印象的关键。在店面的设计建造时，可以适度地对店面的造型进行一些相应的夸张、修饰、变形。大胆的变化和突出的建筑个性，能够对顾客产生视觉和心理刺激，从而招来顾客，扩大销售。例如以品牌形象为主题，简约明了的“FENDI”店面广告设计（见图4-52）；又如构图比例大胆简洁的“Timberland”店面广告设计（见图4-53）。

图4-52　以品牌形象为主题

图4-53　大胆简洁的构图比例

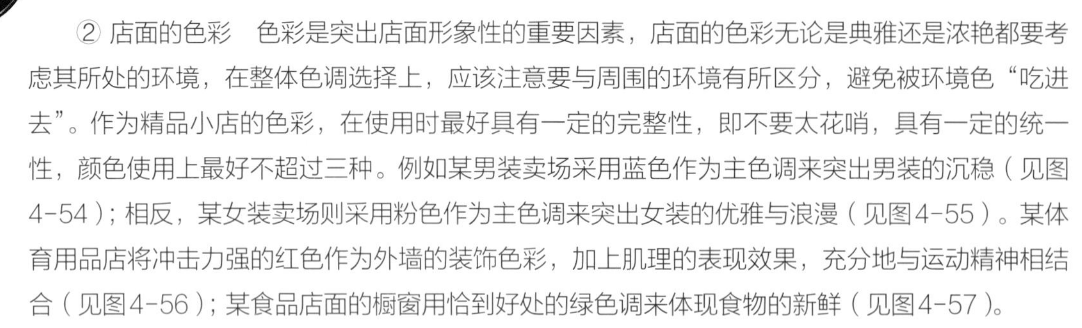

② 店面的色彩　色彩是突出店面形象性的重要因素，店面的色彩无论是典雅还是浓艳都要考虑其所处的环境，在整体色调选择上，应该注意要与周围的环境有所区分，避免被环境色“吃进去”。作为精品小店的色彩，在使用时最好具有一定的完整性，即不要太花哨，具有一定的统一性，颜色使用上最好不超过三种。例如某男装卖场采用蓝色作为主色调来突出男装的沉稳（见图4-54）；相反，某女装卖场则采用粉色作为主色调来突出女装的优雅与浪漫（见图4-55）。某体育用品店将冲击力强的红色作为外墙的装饰色彩，加上肌理的表现效果，充分地与运动精神相结合（见图4-56）；某食品店面的橱窗用恰到好处的绿色调来体现食物的新鲜（见图4-57）。

③ 店面的材质　由于是精品小店，所以在店面材质选择上既不能显得太普通没有档次，太普通显得就不“精”了，也不能一味地追求档次、华丽，从而忽视了占地面积和资金投入等实际因素的制约。在选择使用时要根据小店的内涵、气质和个性进行选择，在不失去主题的前提下进行创新和尝试，运用不同材质的对比，使人们心里产生不同的情愫和回应。例如某卖场的玻璃材质装饰效果，给消费者通透直接的视觉效果（见图4-58）；又如木质打造的店面则体现了其古典的气质（见图4-59）；再如石材打造的店面就稍显怀旧之情（见图4-60）；还如“LV”采用金属材质打造的店面充分体现了其品牌的奢华之感（见图4-61）。

图4-54　蓝色调的运用体现男人的稳重与明朗

图4-55　粉色调体现爱情的美好与浪漫

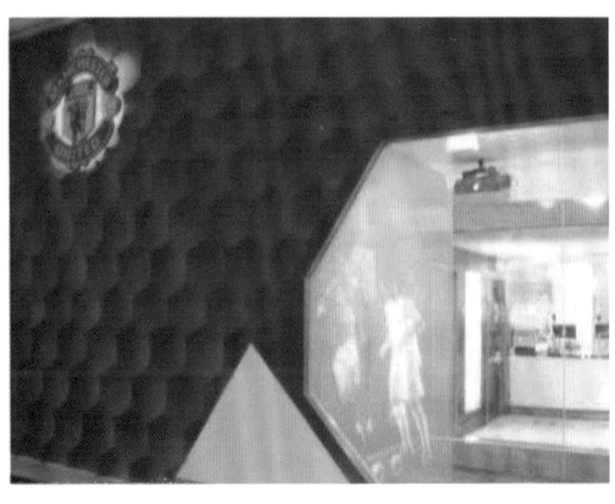

图4-56　冲击力强的红色运用符合运动与标志体现

图4-57　恰到好处的绿色调体现食物的新鲜

图 4-58　玻璃装饰的店面给人一种通透、清爽感

图 4-59　木质为主打的店面体现古典气质

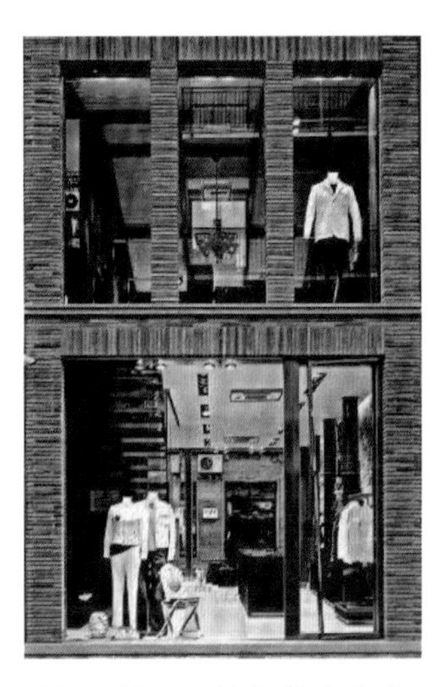

图 4-60　石材能营造豪华的怀旧气氛

图 4-61　镂空背光金属板更突出品牌的奢华

4.3.2.2　店名广告

店名广告即商店名称广告，也就是店牌广告，是挂在商店门口或者上方写有店名的牌子，也就是人们俗话说的“门头牌”。店牌是一个店铺的标志，一个好的店铺名称能够被人们熟记在心，流传百年，例如天津的狗不理、泥人张，北京的全聚德等。

店牌广告展示了该商店的性质和形象，从外在观赏上具有一目了然的特性 。精品小店的店名广告在拟定之前也应该做一些相应的参考，不能显得太落俗套，就像课堂上点名一样，学生与众不同、有个性的名字总能更多地引起老师的注意。同样是以经营糕点为主的小店，“巴黎贝甜”和“××蛋糕屋”两个名字，如果让你选，你会觉得哪一个更有档次，更能够吸引你去消费呢？例如“泰地道”利用谐音的特别之处令消费者印象深刻（见图4-62）；又如“ADORES”的大体积人脸造型在商业街道非常引人注意（见图4-63）；再如“中图”与“中途”的谐音作为店铺的店名也是特别之处（见图4-64）。

图4-62 借用谐音突出店面特色

图4-63 “ADORES”店牌，与常见的店牌形象不同，是个不错的创意

图4-64 利用“中图”与“中途”的谐音来命名店牌

4.3.2.3 旗子与幌子广告

（1）旗子、幌子广告的由来 旗子、幌子广告是最早的店招、店牌广告，在古装剧中，我们经常会看到客栈或者茶馆外面用竹竿挑挂着一块布，上面往往写着“××客栈”或者“××茶馆”等字样，这些都是以前的一些比较基本、被人们广泛应用的广告形式，一直沿用到现在，成为众多广告形式中的一种，统称为广告旗。

（2）旗子、幌子广告的展示形式 像我们前面说到的，在古装剧中经常看到的这种旗子广告属于外挑式的，在现代广告中不仅仅有这一种形式。首先，这种外挑式的旗子广告一般是挂在商业店铺或者卖场的入口处，属于一种店外广告；其次，在旗子、幌子广告上会直接地写上广告的内容，如烟、酒、品牌名称、折扣等。另一种形式则是利用印刷技术，用纸张或者尼龙等防水材料印制成广告印刷品，以排列的方式张贴于商店门口较为醒目的地方。再一种是为了配合商店开张或者促销活动，做成大旗子插在马路两旁或挂在大楼的外体墙面上成为一种横幅广告，也有的是挂在门楼上作为季节性大减价的一种促销宣传。在此说明，这种旗子、幌子广告一般不会出现在精品小店使用的广告范围之内。最后一种则是应用于商店或者卖场内部的，一般是以悬挂的方式出现，也就是我们说的吊旗，通常是做一些主题宣传或者折扣促销，起到了信息提示和烘托消费氛围的作用。例如充满了复古风格的旗子广告，其字体设计是广告的主要内容（见图4-65）；又如街道边主要起到宣传作用的旗子广告在我们的生活中很常见（见图4-66）；再如超市中随处可见宣传吊旗（见图4-67）。

图4-65　写着商店名字的外挑式旗子广告

图4-66　用于宣传的街道旁的旗子广告

图4-67　用于宣传商品的吊旗

4.3.2.4　模特造型广告

商店为了达到诱导消费者消费的目的，除了采用引人注目的招牌、店牌广告之外，还会使用一些投资少、见效快的模特广告形式。

（1）模特广告的作用　无论是什么形式的模特广告，它的终极目的都是为了展示商品，突出精品小店的个性、艺术审美品位，促进消费。总结之下，模特广告具有以下几点作用。

① 吸引消费者的注意。

② 强调、突出产品的特征和用途，诱导消费。

③ 突出展示场面的现实感，营造、活跃卖场的氛围。

例如逼真的女装模特，造型大胆前卫，成功吸引消费者的目光（见图4-68、图4-69）；又如“D&G”橱窗设计中将重点商品重复陈列的同时，两个模特之间也放置了一个这种商品，强调了商品的特征（见图4-70）；再如夸张的鞋型道具和模特之间的对比活跃了展示场景的氛围（见图4-71）。

图4-68　通过营造一定的场景气氛增加店面吸引力（一）

图4-69　通过营造一定的场景气氛增加店面吸引力（二）

图4-70　“D&G”橱窗利用重复陈列法重点突出主打产品

图4-71　模特和鞋夸张的比例关系让人印象深刻

（2）模特广告的种类

① 人体模型模特　人体模型模特大多数情况下应用于服装店铺的商品展示，但这也不是绝对的。人体模型模特由一开始简单的人台，演变成现在的各式各样的仿真人形式，展示的人体模型也会跟随时尚的潮流进行不同的变换。人体模特的类型也有一定的区分，例如有仿真性比较强的，也有艺术审美性比较强的。人体模型模特从形态上可以分为全身模特、半身模特以及局部模特。在材质上一般采用塑料、木材、金属等。服装店铺里使用的人体模特大都是按照人体的尺寸制作的，其主要是用来进行服装的展示，模拟出真人穿上时的效果，给消费者更直观的参考和借鉴。在服装类的精品小店中，全身模特和半身模特在使用数量上占的比例较小，考虑到展示空间的局限，一般情况下是以衣架悬挂展示。局部模特在饰品店出现得比较多，如首饰店会有大量的手模、鞋店会有脚模的应用。例如某女装卖场俏皮生动的模特造型，加上粉色调的背景，充分体现了该品牌的文化理念（见图4-72）；又如某首饰卖场采用大量的半身模特进行首饰展示，黑色的模特把BlingBling的首饰衬托得更加完美（见图4-73）。“KRIZIA”的橱窗设计简单大方，模特形象基本省略，更好地表现了服装的质感，与品牌风格相呼应（见图4-74、图4-75）。

② 产品造型模特　产品造型模特在应用范围上相较于人体模型模特要广泛一些，它们可以根据需要，应用于不同类型的行业，如化妆品店、玩具店、汽车店、食品店等。精品小店的产品造型模特，会根据其占据面积的大小有不同的方位摆放。小店中的产品造型模特一般都是店铺推销的商品造型，例如将服装、鞋帽排列组合，作为橱窗中的道具展示出来，不仅为橱窗添加了趣味性，更重要的是把消费者的目光聚集在了展示商品之上（见图4-76、图4-77）；又如鳄鱼与人体模特的组合表达了另一种野性美（见图4-78）。

（3）模特广告的材质　模特广告的材质在选择的时候，应该充分地考虑到不同类型的模特和各种不同材质的特点。不同的材料具有不同的个性，也就是说在材料的选择上，并不是越豪华、越奢侈就越好。最重要的是要与商品的特点和整个店面的氛围相融洽，能够突出商店的个性，吸引人们的注意，很好地起到衬托、宣传商品的作用。同样的素材有时因加工制作的方式不同，也

图4-72　粉嫩的颜色加上模特俏皮的服装展示，体现店面的消费群体和风格特色

图4-73　首饰店应用大量的半身模特进行首饰展示

图4-74 “KRIZIA”橱窗中模特的形象基本省略，充分表现服装的质感，并与品牌标志风格呼应（一）

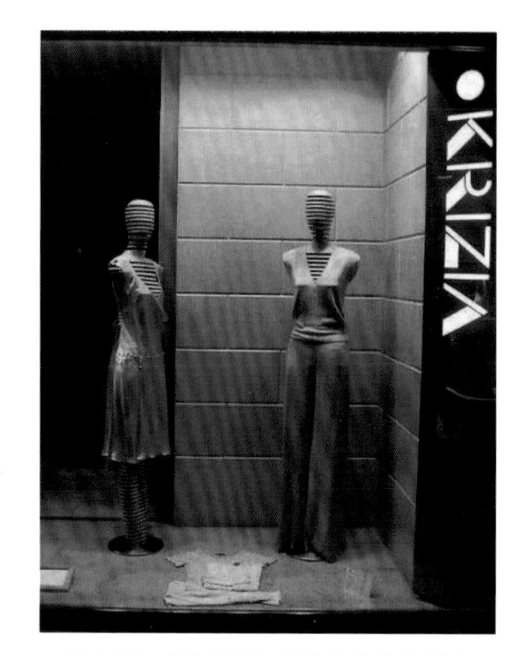

图4-75 “KRIZIA”橱窗中模特的形象基本省略，充分表现服装的质感，并与品牌标志风格呼应（二）

图4-76 道具造型采用点、线、面结合的不同摆放形式，通过背景的软包材质和商品展示的少而精让人们体会到商品的高贵和不可复制性（一）

图4-77 道具造型采用点、线、面结合的不同摆放形式，通过背景的软包材质和商品展示的少而精让人们体会到商品的高贵和不可复制性（二）

会呈现出不同的展示效果和不同的个性，要善于对模型进行不同材料的对比，起到衬托、搭配的作用。例如模特的塑料材质和旁边铁质的道具形成鲜明的对比，体现了现代化职业办公服装主题（见图4-79、图4-80）；又如结构感非常强烈的纸质道具与模特的对比，体现了该品牌服装的前卫性（见图4-81、图4-82）。

图4-78　鳄鱼与人体模特的组合

图4-79　工业感很强的金属构架形成明显的动感，与服装柔软的材质形成对比，加上模特的动态和配饰的运用体现出现代化职业办公服装主题（一）

图4-80　工业感很强的金属构架形成明显的动感，与服装柔软的材质形成对比，加上模特的动态和配饰的运用体现出现代化职业办公服装主题（二）

图4-81　纸杯的构成式组合效果

图4-82　结构感极强的纸质材料组合体现了服装的前卫效果

4.3.2.5　灯饰类广告

精品小店的灯饰广告可以分为室外和室内两种形式。室外灯饰广告形式一般是以霓虹灯广告、LED发光广告、亚克力吸塑灯箱广告等形式出现。室内灯饰广告一般都是以彩灯形式出现，不作为主要的照明灯使用，只是起到一种装点、修饰和营造店铺氛围的作用。例如某卖场橱窗中采用了重点照明的方式来突出主要商品（见图4-83）；又如富有创意的连珠状道具在照明打造之下形成了美轮美奂的背景图案（见图4-84）；再如暖色调的灯光打造突出了商品的典雅与温馨（见图4-85）。

（1）精品小店灯饰广告的特点　霓虹灯广告是我们最常见到的一种室外灯饰广告，在加热后可以任意地弯曲造型，它适用于室内外各种场合，发光的亮度较大，色彩和形态变化多端。霓虹灯广告也有自己的缺点，每一组灯管都要配置笨重的变压器，灯管比较容易损坏，而且维修难

图4-83　灯饰的使用可营造气氛

图4-84　橱窗设计都是简洁、独特的场景式运用，通过照明灯饰设计成富有装饰性的造型，悬挂的方式独特而有创意，与服装的前卫特点十分吻合（一）

图4-85　橱窗设计都是简洁、独特的场景式运用，通过照明灯饰设计成富有装饰性的造型，悬挂的方式独特而有创意，与服装的前卫特点十分吻合（二）

度较高，能耗较大。所以，根据各自不同的情况，精品小店的外部门面在装修时可以适当地使用霓虹灯广告形式。

彩灯是人们日常生活中进行节日、活动装点的常用道具，位于大型卖场中的精品小店，在白天为了营造、活跃气氛也会使用。这种彩灯广告属于直接式光电广告，可以分为单体彩灯和连体彩灯两种形式。单体排列的彩灯常常会使用单个的彩灯，进行有序、逐次发光，多用来凸显要修饰的轮廓。连体排列的彩灯是将一长串的彩灯连在同一处电源上，一同发光，一同熄灭，一般用于文字和图案的造型。例如墙体外部的蓝色灯饰体现了该卖场的电子科技感（见图4-86）；又如某女装的橱窗展示中把大红色的管状彩灯不规则地置于黑暗空间，既有神秘感又体现了服装的风格（见图4-87）；再如蓝色的彩灯围成的图案渲染了店面的浪漫气氛（见图4-88）；还如彩色灯管搭成的灯柱和灯桥既起到照明作用又渲染了氛围（见图4-89）。

图4-86　安装于店面外墙上的彩灯

图4-87　大红色的管状彩灯不规则地置于黑暗空间，突出店面前卫、神秘的风格特点

图4-88　蓝色的彩灯围成的图案渲染了店面的浪漫气氛

图4-89　彩色灯管搭成的灯柱和灯桥既起到照明作用又渲染了氛围

（2）精品小店灯饰广告的色彩　精品小店灯饰广告的色彩在选择使用时，一定要根据所处的环境和场所来进行颜色的适当调配。当颜色需要演变和变换时，色彩中的主要色和次要色的应用应该本着不偏离行业、商品特征和小店独特个性的原则。

由于科技的进步，灯饰广告在色彩转换和色调变化上都可以运用电脑来进行操控。在变换时，无论是按照色彩渐变的顺序进行改变，还是跳跃式的变换，都应该处理好主体色和辅助色的比例关系，辅助色所占面积的大小和出现时间的长短都不能多于主体色。这样才能和广告主体的属性相吻合，才不会出现主次不分、色彩紊乱的现象。例如色彩丰富的包具卖场，在灯饰广告的色彩选择上采用了色彩感较弱的光线来进行照明处理，这样能增加展品的色彩效果（见图4-90）；又如色彩低调淡雅的包具卖场中则采用了暖色光源来作为灯饰广告的色彩，突出展品的质感和品牌淡雅的内涵（见图4-91）。

图4-90　店面灯光很好地体现了商品的不同材料质地

图4-91　灯光的使用更好地突出了要展示的商品

第5章 精品小店的内部陈列设计

5.1　精品小店陈列设计的意义
5.2　精品小店陈列设计的原则
5.3　精品小店陈列设计的形式要素
5.4　各类精品小店的陈列策略

5.1 精品小店陈列设计的意义

陈列是为了配置商品，吸引消费者的注意，并且方便购买所需商品的手段，是直接影响销售成果的重要条件。商品陈列是店面广告的一个重要形式，销售人员工作效率、服务质量等与商品的陈列也有相当密切的联系，因此，陈列设计在一定程度上决定着精品小店的销售情况。从精品小店的立场上来看，所售商品都是经过店主精心挑选配置的，但是没有统一的品牌凝聚力，所以，吸引消费者进店、尽量促成购买行为、扩大二次消费都是陈列设计中需要顾及的地方。再者，精品小店的陈列也会涉及库存管理的问题，但是这些都应该是在满足消费者需求之后考虑的。

消费者在进店前，通过对小店店面的浏览，可以初步了解该店经营商品的信息，但对具体商品的诸多方面是无法知晓的。顾客进店后可以对陈列的各种商品一目了然，从而方便了消费者了解和挑选商品。商品陈列本身就是向消费者推荐商品。合理得体的商品陈列，既可以提高消费者选购的主动性，又增加消费者对小店的信任感，同时还能减少售卖人员回答消费者提问的次数和时间，缩短交易过程，起到提高购买和售货效率的作用。例如精品小店内将各种商品摆放在各种展柜上方便顾客挑选，让消费者一目了然，提高买卖效率（见图5-1、图5-2）。

图5-1　有序陈列的饰品让消费者一目了然

图5-2　同类甜品摆放在一起

5.2 精品小店陈列设计的原则

精品小店一般在空间上有局限性，但是所要陈列展示的商品种类繁多，所以，对于精品小店的陈列设计要求就更复杂严谨、更实用一些。设计人员要在有限的空间内最有效地陈列出多种商品，并且要有条理、有秩序，不能显得杂乱。

5.2.1 一目了然

当消费者走到或站在柜台或展架前时，就能形成对商品全面整体的感觉，并且及时、正确地了解到与商品相关的内容，如产地、规格、价格、质地等。例如某食品店把食物整齐地摆放在冷藏柜里，让人们能够一目了然，一眼就看到店内所供应的食物的种类，方便做出选择（见图5-3）；又如珍藏品也同样如此，把各种珍藏品摆放在相应的位置上，并且在上面贴上名称、价钱等标识牌，使顾客能真正地一目了然（见图5-4）。

图5-3 食品店按照产品的规格、种类整齐陈列

图5-4 珍藏品贴上名称、价钱等标识牌

5.2.2 展示商品的使用功能

陈列是为了刺激消费者的购买欲望，因此商品陈列应使消费者感受到商品的使用功能和使用效果。这样对大多数购买者有较强的吸引和诱导作用，容易较快产生购买欲望。例如某女性服饰店内的陈列，服装在模特身上进行搭配，整套展示，或风趣幽默或高贵典雅，在热闹的氛围中进行有层次的陈列，刺激了消费者的购买欲望（见图5-5、图5-6）。

5.2.3 突出重点商品和特殊商品

重点商品和特殊商品的陈列要新颖或引人注目。重点商品是指小店在不同时期重点销售的商品、应季商品、时令商品等。特殊商品是指价格打折优惠的商品。对重点销售商品或特殊商品可以采用专柜陈列、特殊摆放或用箭头指示等方式引起消费者的注意（见图5-7 ~图5-9）。

5.2.4 多变少动

对于精品小店空间上的问题，多变少动的陈列显得尤其有效。一种商品无论其销售情况如何都要经常更换，可以给人生意兴隆的感觉。而少动是指一种或一类商品的陈列位置要相对稳定，给消费者稳定方便的感觉。如果个别类型商品确实需要更换陈列位置，应做到标志醒目，寻找方

图5-5 女性服装进行整套展示，并且进行有层次的陈列，更加吸引目光（一）

图5-6 女性服装进行整套展示，并且进行有层次的陈列，更加吸引目光（二）

图5-7 不同季度推出的不同主题的商品

图5-8 不同时节的化妆品

图5-9 季末打折优惠的商品

便。例如小店内会有一些固定的展位来展示商品，但是会根据季节的不同和产品的不同，来变化展台的样式和商品的布置（见图5-10、图5-11）。

5.2.5 充实、干净、整齐、有序

“充实、干净、整齐、有序”的商品陈列是让消费者建立信任感的基础。货架半空、环境脏乱、摆放无序的店铺是不会让消费者信任的。例如某食品小店中将食物有条不紊地摆放在货架中，使食物看起来干净、整洁，增加人们的购买信心（见图5-12、图5-13）。

5.2.6 适应顾客的购物习惯

消费者的浏览方式一般是有高度和深度的。商品的最低摆放位置和最高悬挂位置都要与消费

图5-10　小店内有固定的展位展示商品，但是根据季节的不同会变换展台和商品（一）

图5-11　小店内有固定的展位展示商品，但是根据季节的不同会变换展台和商品（二）

图5-12　将食品充实、干净、整齐、有序地进行陈列

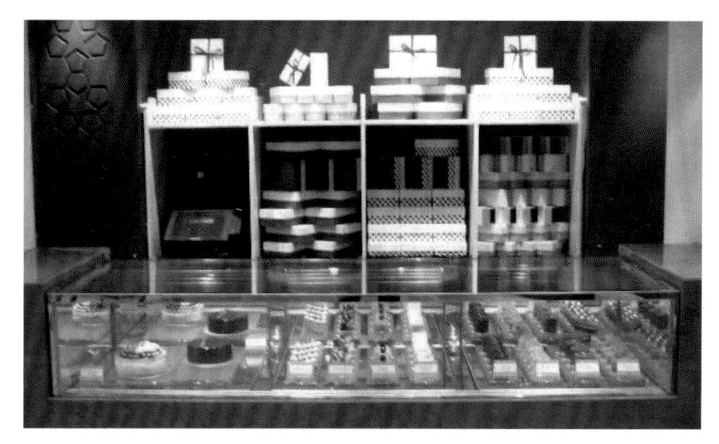

图5-13　不同的陈列方式会增加消费者的购买信心

者的心理习惯相适应。例如某童装店里的模特高度和展架高度都是按照儿童的身高和视距来确定的，成人服装店里的各种高度都是按照成年人的身高和视距来确定的（见图5-14、图5-15）；又如街头水果店面向的是各种各样的人群，没有特定受众，所以在摆放中以清晰明了为主（见图5-16）；再如点心店内的食物摆放就比较讲究，通过色彩的搭配、餐具的搭配、饮料和食物的搭配，经过精心挑选，才能满足消费者物有所值的消费心理（见图5-17）。

5.2.7　新材料和技术方法的应用

精品小店为了做到精益求精，在陈列方式中可以多采用新材料和技术方法的应用，这样就顺应了消费者“喜新厌旧”的心理。例如泰国某品牌包店中，将包陈列在最富有泰国特色元素的金属大象中，另一处，将可乐摆放在可以移动的小车上，这种造型新颖且富有趣味性的陈列工具，能从侧面增加消费者对商品的喜爱（见图5-18、图5-19）。

图5-14　童装店展具高度符合儿童群体的人机工程

图5-15　成人服装店展具高度较高

图5-16　街头水果店以清晰明了为主

图5-17　点心店的餐具搭配十分讲究

图5-18　陈列包的展柜用的是具有泰国特色的金属大象造型

图5-19　可乐摆放在可移动的小车上

5.3 精品小店陈列设计的形式要素

5.3.1 精品小店的12种陈列形式

（1）分类陈列　它是根据商品质量、性能、特点和使用对象进行分类向顾客展示的陈列方法。它可以便利顾客在不同的花色、质量、价格之间比较、挑选。例如根据类型不同，将厨具进行分类陈列，方便消费者对比、挑选，做出最后的选择，甚至还会刺激消费者购买多个同类商品（见图5-20、图5-21）。

图5-20　不同类型的厨具分开陈列

图5-21　不同规格的厨具摆放在一起方便人们挑选

（2）专题陈列　专题陈列是给商品设置一个主题的陈列方法。主题应经常变换，以适应季节或特殊事件的需要。它能使店铺创造一个独特的气氛变换，以适应季节或特殊事件的需要。它能使店铺创造一个独特的气氛，吸引顾客的注意，进而售出商品。

专题选择有很多，如各种节日、庆典活动、重大事件都可以融入商品陈列中去，营造一种特殊的气氛，吸引消费者的注意。如圣诞节来临之际，可将各种商品集中陈列在一个陈列台上，再加上鲜花、圣诞树等装饰品，渲染出一种温馨、愉悦的节日氛围。专题陈列在布置商品陈列时应采用各种艺术手段、宣传手段、陈列用具，并且利用色彩突出某一商品。对于一些新产品，或者是某一时期的流行产品，以及由于各种原因要大量推销的商品，可以在陈列时利用特定的展台、平台、陈列道具台、陈列用具等突出宣传，必要时，配以集束照明的灯光，使大多数顾客能够注意到，从而产生宣传推广的效果。

专题陈列的商品可以是一种商品，如某一品牌的某一型号的电视、某一品牌的服装等，也可以是一类商品，如系列化妆品、工艺礼品等。例如某精品小店，就是以圣诞节为主题的专题陈列小店（见图5-22、图5-23）；又如某鞋包店的橱窗设计，以圣诞节最具代表性的动物形象作为背景，搭配简洁的白色道具，充分突出了节日氛围（见图5-24 ~图5-26）。

图5-22 以圣诞节为主题的小店

图5-23 陈列从灯光到店面的配饰上都选用的是圣诞节主题

图5-24 体现圣诞节节日气氛的橱窗设计

图5-25 以最具代表性的麋鹿作为装饰背景

图5-26 简洁的白色展具突出了展示的商品

（3）整齐陈列　它是按货架的尺寸，确定商品长、宽、高的数值，将商品整齐地排列，从而突出了商品的量感，给顾客一种刺激，所以整齐陈列的商品通常是店铺想大量推销给顾客的商品，或因季节性因素顾客购买量大、购买频率高的商品等。运用整齐陈列法时，有时会有不易拿取的缺点，店员应根据意愿做出调整。例如把商品整齐且有层次地摆放在货架上，这样既方便顾客拿取商品也方便店员补充商品，同时这样的摆放能够增加产品的量感（见图5-27 ~图5-30）。

（4）随机陈列　它是将商品随机堆积的方法。它主要是适用于陈列特价商品，为了给顾客一种“特卖品即为便宜品”的印象。采用随机陈列法所使用的陈列用具，一般是一种圆形或四角形的网状筐，另外，还要带有表示特价销售的牌子。例如某男性用品店，店内不同种类的商品随机

图5-27　超市中常见的整齐陈列方式

图5-28　按照色彩、规格的不同进行的整齐陈列

图5-29　机械产品的整齐陈列更显工业化

图5-30　把商品整齐且有层次地摆放在货架上增加了商品的量感

摆放在一起（见图5-31）；又如某日用品店，橱窗内以小黄鸭为装饰进行的随机陈列趣味感强烈，色彩鲜艳，在整体商业环境中尤其引人注目（见图5-32）。

图5-31　不同种类的商品随机摆放在一起

图5-32　以小黄鸭为装饰的随机陈列趣味感强烈

（5）关联陈列　它是指将不同种类但相互补充的商品陈列在一起。运用商品之间的互补性，可以使顾客在购买某商品后，也顺便购买旁边的商品。它可以使得店铺的整体陈列多样化，也增加了顾客购买商品的概率。它的运用原则是商品互补，首先要打破各类商品间的区别，表达出顾客的实际需要。例如某精品小店内将各种小饰品进行的关联陈列给顾客带来了更多的选择，不同规格、样式的罐子摆放在一处也颇具观赏性（见图5-33、图5-34）。

图5-33　各种小饰品进行关联陈列给顾客带来了更多的选择

图5-34　不同规格、样式的罐子摆放在一起

（6）比较陈列　它是指将相同商品按不同规格和数量予以分类，然后陈列在一起。它的目的是促使顾客更多地购买商品。利用不同规格包装的商品之间价格上的差异来刺激他们的购买欲望，促使其更好地做出购买决策。例如把相同围巾按照不同的颜色、图案陈列在一起更容易形成对比，方便顾客选择购买（见图5-35～图5-37）。

（7）悬挂陈列　悬挂陈列是用固定的或可以转动的有挂钩的陈列架来陈列商品的一种方法。悬挂陈列能使顾客从不同角度来欣赏商品，具有化平淡为神奇的促销作用。常规货架上一般很难实施商品的立体陈列，尤其是一些小商品，如剃须刀片、电池、手套、袜子、帽子、小五金、头

图5-35　不同颜色的围巾进行比较陈列

图5-36　不同图案的围巾陈列在一起（一）

图5-37　不同图案的围巾陈列在一起（二）

饰品等，使用悬挂陈列既方便顾客挑选，又方便商店改变陈列。例如不同的挂饰悬挂在展架上，一层一层地向下悬挂（见图5-38）；又如童装店内以悬挂的方式把模特悬挂于墙壁之上，这样的陈列方式既可以节省空间，又能增加空间内的立体效果，在顾客的购买过程中带来视觉上的喜悦感（见图5-39）。

（8）量感陈列　量感陈列一般是指商品陈列的数量的多寡。应指出只强调商品的数量并非最佳做法，现在更注重陈列的技巧，从而使顾客在视觉上感到商品很多。例如，所要陈列的商品原本是50件的话，那么量感陈列要让顾客感觉不止50件商品。量感陈列一方面是指“实际很多”，另一方面则是指“看起来很多”。量感陈列一般适用于食品杂货，以丰满、亲切、价格低廉、易挑选等来吸引顾客。

图5-38　饰品店各种不同的悬挂方式

图5-39　童装店的悬挂陈列展示了新潮的设计理念

量感陈列的具体手法很多，如店内吊篮、店内岛、壁面挑选、铺面、平台、售货车及整箱大量陈列等。其中整箱大量陈列是大中型超市常用的一种陈列手法，即在卖场辟出一个空间或拆除端架，将单一商品或两三个种类的商品作为量感陈列。例如某工艺品店，橱窗内的量感陈列让消费者感觉店内商品异常丰富，选择范围广（见图5-40、图5-41）。

图5-40　平铺增加商品陈列的量感

图5-41　橱窗内的量感陈列让消费者感觉店内商品异常丰富

（9）散装或混合陈列　散装或混合陈列是指将商品的原有包装拆下，或单一商品或几个品项组合在一起陈列在精致的小容器中出售，往往是以一个统一的价格或在一个较小的价格范围内出售，这种陈列方式使顾客对商品的质感能观察得更仔细，从而诱发购买的冲动。例如广州市各百货商店曾经流行的甘迪安娜糖果屋，把诱人的散装糖果陈列在各种透明的容器中，这一陈列方式的使用将该品牌的知名度一炮打响（见图5-42）。

（10）空中陈列　空中陈列是利用货架或柜台的上方等通常情况下不使用的空间进行陈列的方法。这种方法的优点是：突出商品的效果十分显著；可以提高商店的整体形象；提高顾客对货架、货柜的靠近率；易向顾客传达信息。适用于此种陈列方法的商品是：具有一定关联性的商

图5-42　把色彩艳丽的糖果放在各种透明容器中色彩缤纷十分诱人

图5-43　把项链悬挂在以手臂或腿的形状为造型的创意展架上

品；中小型在陈列上具有稳定感的商品；能够提高商店形象的商品。例如把项链悬挂在以手臂或腿的形状为造型的创意展架上，既能够突出商品细节，又能够提高小店的形象（见图5-43）。

（11）缝隙陈列　缝隙陈列是将卖场的中央陈列架撤去几层隔板，留下底部的隔板形成一个槽状的狭长空间，用来突出陈列商品的一种方法。缝隙陈列打破了陈列架上一般商品陈列的单调感，富有一定的变化，能够吸引顾客的注意。但这种陈列方法要适度使用，用得不好会给人一种凌乱感，影响顾客的购买情绪。例如在超市换季打折或处理商品时，就经常采用缝隙陈列的方式，在固定的销售区域之间摆放一些临时性可移动的货架，这样的陈列很容易成为视觉中心引起顾客的注意（见图5-44）。

（12）情景陈列　这是为再现生活中的真实情景而将一些相关商品组合陈列在一起的陈列方式。如用家具、室内装饰品、床上用品布置成一间卧室；用厨房用具布置一个整体厨房等。目前，国外一些商店十分注重这种情景陈列，尤其是家具专卖店，例如某家具用品店内的陈列组合，模特以逼真的姿势躺在床上，床头柜上有雅致的台灯，餐桌上摆着精美的花饰，书柜里陈列着各种书籍等。这种陈列使商品真实生动地显示出自身特点，对顾客有强烈的感染力，是一种颇为流行的陈列方式（见图5-45、图5-46）。

图5-44　在超市换季打折或处理商品时经常采用缝隙陈列的方式

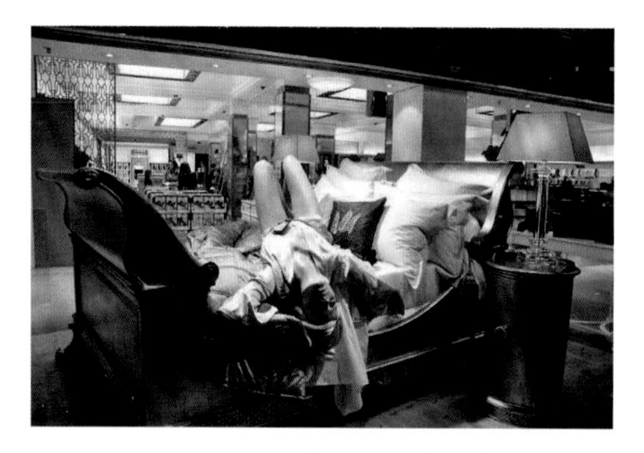

图5-45　家居用品店的情景陈列颇具真实性

图5-46　情景陈列对消费者的购物情绪有强烈的感染力

5.3.2　精品小店不同季节的陈列形式

（1）春季　在尚未春暖花开的早春时节，商店应走在季节变换的前头，及时将适合春季销售的商品，如时装、鞋帽等早早摆上柜台，将冬季商品撤换掉。例如某女性饰品店内的春季商品陈列，以橙、蓝为主色调，透出一股春天的气息（见图5-47）。

（2）夏季　夏季商品陈列时，应注意如下事项：一般提前在4、5月份里，将夏季商品摆出来；夏季气候炎热，陈列商品的背景可以蓝、紫、白等冷色调为主；夏季商品陈列要考虑通风，最好将商品挂起来；夏季是饮料消费的高峰期，要特别注意布置冷饮类商品的陈列；夏季商品陈列的位置可以向外发展，在门厅或门前处较适宜。例如某鞋店的夏季陈列，以清凉的绿色调为主，以俏皮的兔子装饰品为背景，如爱丽丝梦游仙境一般给消费者梦幻的感觉（见图5-48、图5-49）。

图5-47　以强烈对比的橙、蓝为主色调来突出春季的绚烂多彩

图5-48　以绿色为主的陈列带给消费者清凉感

图5-49　俏皮的兔子装饰品令人忍俊不禁

（3）秋季　秋季商品应该在8、9月份开始陈列，夏天的时装以及夏凉用品都应撤下，摆上适合秋季消费的商品。这时陈列与售货位置应从室外移向室内。秋天天高气爽，是收获的季节，商品陈列应以秋天的色调、景物作为背景，衬托出商品的用途。例如某男性服饰店，用较沉稳的浅褐色作为主色调来烘托秋季的氛围，木质的展具增添了秋天的硕果累累之感（见图5-50、图5-51）。

（4）冬季　冬天天寒地冻，以暖色调的红、粉来布置商店能使顾客感到温暖，背景最好以黄色为主，突出应季商品。例如某饰品店，白色象征着冬季冰冷的感觉，加上道具中代表冬季的雪花，一起来传递冬季的寒意（见图5-52 ~图5-55）。

图5-50　丰富的商品陈列映衬了秋天是收获的季节

图5-51　木质的展具搭配稳重的浅褐色更添秋意

图5-52　白色象征着冬季冰冷的感觉

图5-53　精致的展品映衬于简洁的背景之下

图5-54　道具中的雪花巧妙地表达了冬季特征

图5-55　照明下更显精致的陈列道具

另外，还有一些在精品小店的陈列中需要注意的地方，虽然陈列是对商品的排列组合，但是与整个店铺的运营是息息相关的，千万不可小看陈列的作用。以下是精品小店陈列设计中最常见的三大误区。

其一，商品销售量与商品陈列无关。很多人认为，商品的销售量主要与商品好坏和推销有关。商品陈列只是将商品展示出来让顾客看到，至于如何展示、如何陈列与销售量无关。这是一个典型的商品陈列无用论的思想。这个认识是片面的。其实商品的销售量与许多因素有关，可以说商品销售是技术与艺术的结合。好的商品陈列可以激发顾客的购买欲，对顾客的冲动购买、情感性购买、即兴购买贡献很大。另外，科学地陈列商品可以有效节约顾客的挑选时间，也就是节约了顾客的成本；艺术地陈列商品可以使顾客的购买过程不再枯燥，增加他们对美的感受。所以好的商品陈列可以增加销售量，反之亦然。

其二，商品一旦陈列好之后，就无须改变。古语有云："入芝兰之室，久而不闻其香……入鲍鱼之肆，久而不闻其臭。"意思是不管一样事物多好或多坏，只要人们经常面对它，往往也会模糊了原有的判断标准和界限。至于商品陈列，不管开始陈列得多好，如果时间太久了，人们也会逐渐失去对它的感觉，并且对商品留下一成不变的陈旧印象。所以商店的商品陈列应该注意变化，可采取多种形式，而且定期地更换（包括更换商品、同样的商品更换地方等），以保持顾客的新鲜感和兴趣，并且充分地体现出商店的发展变化和独有特点。

其三，商品陈列不是越花哨越好。商品陈列应该遵循的基本原则是简洁、明快。正如国外的一句谚语"less is more"所说，它的意思是少即多。过多的装饰和打扮不仅不能给人很好的感受，往往还会适得其反。例如某小店内的各种手提包，以简单、整齐的方式摆放在各个货架上，凸显商品，使人一目了然（见图5-56）。

图5-56　简单直白的陈列设计令商品最突出

5.4 各类精品小店的陈列策略

5.4.1 服饰店

服饰店是精品小店里最常见的一种店铺类型，不但是因为人们在服装上消费的次数比较频繁，也因为服装业先天的行业特色。服饰类的精品小店人流量比别种商品类型的精品小店大，而且商品更换周期比较短，更加符合消费者求新的心理特征，另外一个吸引人的地方就是可以在价格上制造悬念性的刺激，精品小店不像商场和专卖店里明码标价那么一览无余、毫无悬念，而是可以给消费者留下讨价还价的余地，砍价的过程虽然也会让人头疼，但其间上上下下、起起落落的过程也可以更好地与消费者拉近关系，增加回头客。

陈列也是小店里布置中的一个重点，而展示式陈列也以高级服装店为主。越是高级品取向的店铺，越需要重视陈列功夫，摆设方面可采用现代化设计，另外，补充小道具也能提高陈列效果。例如通过镜面、灯具、货架等不同的陈设道具增加空间的趣味性和观赏性（见图5-57 ~图5-59）。

图5-57 镜子作为装饰品

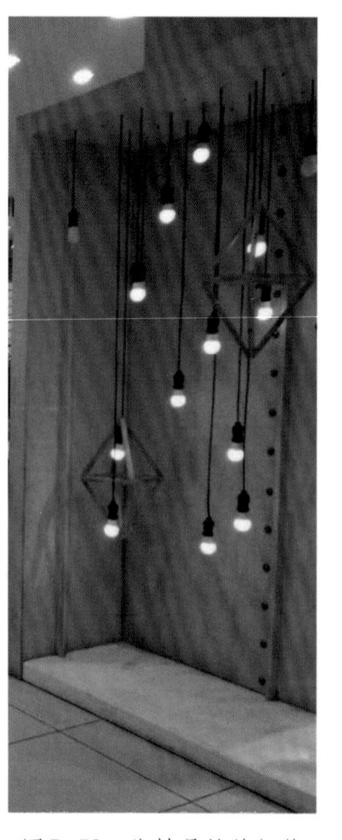

图5-58 线性悬挂的灯饰

图5-59 层次交错的陈列架

5.4.1.1　女装店

女装小店的陈列不能按照商场柜台的样式来设计，需要有自己的特点。因为店面里的散货较多，缺乏统一的设计与颜色设计，而且面积有限，所以在陈列时要另辟蹊径。

（1）分类展示　上装和下装及主打商品和特价商品是最简单的分类。

在一般的散货店里，最常见就是最上边陈列上衣，下边陈列裤子。也有一些店面进行搭配展示，如衣、裤要搭配展示。衣、裤的交替可以增加服装的美感。最左边从上而下为裤、衣、裤；中间为衣、裤、衣；右边为裤、衣、裤。这样的搭配不仅好看，还能体现服装的档次。例如，对上装、下装、包、鞋进行分类摆放（见图5-60、图5-61）。

图5-60　鞋、包与衣服的搭配摆放

图5-61　上装、下装之间的搭配陈列

除了这样的分类，散货的女装店都会将特价的服装放在挂架上，并且推到店铺的门口位置，方便顾客进行挑选。

将主推商品或色彩强烈的商品放置于主墙面，使顾客明确商品主题。这是很多服装店主可能忽略的问题。因为装修等原因，在档口最前面很多人挂了各式流苏装饰，还喜欢将特价的服装横向悬挂在档口前面。此时就挡住了顾客观看店铺里面服装的视线。要想让顾客进入店铺，就需要将主推商品或色彩强烈的服装挂在主墙面上。

（2）陈列色彩　在服装搭配的款式上，服装店主不需要别人传授。基本的打底衫配外套，上衣配裙子或者裤子的方法，服装店主都会。现在要说的是在颜色搭配上的技巧问题，这是很多服装店主的弱项。如果是深色外套，尽量选择亮色毛衣或者打底衫搭配。如果流行趋势是暗色搭配暗色，也要学会使用围巾或者首饰进行提亮。而且不建议在服装市场里卖散货的店主使用暗色的服装搭配。因为通常每个档口的面积不是很大，而且周围全是同行店铺。如果此时再使用暗色搭配，服装就更加不起眼。

同样一个墙面，色彩不是越丰富越好，而且有些店铺喜欢把同色的服装进行归类摆放，对销售不能起到促进作用。关键是把色彩分组运用。例如红白蓝的经典搭配，可以在一个墙面以这三色为主色，互相呼应地摆放，既好看，又整洁。再如补色的运用，黄的和蓝的放在一起，红的和绿的放在一起……这样的色彩搭配绝对能吸引顾客的注意。为了使色彩显得更干净利落，不妨运用一些对称、交叉等陈列手法，效果会很好。

另外，为了使整体和谐，不论是正面展示还是侧面悬挂，一般要左浅右深，这符合一般人从

左到右看东西的习惯。

5.4.1.2　男装店

男装店陈列技巧如下。

（1）同一色搭配　同一色系的衣服放在一起会给人很舒服的感觉，但注意同一色搭配中不要将同样款式、同样长短的放在一起，以免让人感觉像仓库（见图5-62）。

（2）对比色搭配　就是说用冷色来烘托暖色，例如，用绿色衣服衬托红色衣服，用蓝色衣服衬托黄色衣服，放在一个架子上时，不能让冷色和暖色各占50%，最好是 3 ： 7左右的比例比较合适，要注意穿插1011101101（1代表暖，0代表冷）。

（3）合理利用活区　所谓活区就是面对人流方向，而且首先最容易看到的区域，反之为死区。要把主推的款式放在活区，把另外的款式放在死区，这样可以大大提升销售量（见图5-63）。

图5-62　同一色系服装的搭配陈列

图5-63　主推产品陈列在入口处的活区

（4）模特数量要控制　有的商家认为利用模特进行展示比较容易产生效果，就大量地使用模特进行陈列，其实起到了相反的效果，让人感觉这个牌子有点“水”，所谓“物以稀为贵”，把最好的款式穿在模特上有较好的效果（见图5-64）。

图5-64　模特数量控制得当

（5）卖场陈列要有节奏感　不要把色系分得太死板，卖场的左边是冷色、右边是暖色太不协调，应该有节奏感，就像音乐一样。

5.4.1.3　童装店

童装可以壁面的悬挂陈列为中心。一般而言，婴幼儿商品以专柜陈列、吊架陈列等展示陈列为主体。尤其是展示台、橱窗，多半陈列配合节庆日（如儿童节等）的特别商品。有关空间利用问题，可搭配商品、装饰品，使空间显得有活力，而且在卖场将商品用尼龙绳从天花板垂吊下来，更可增添热闹的气氛。例如童装店里的色彩基本选用的是白色、粉色这样明快的色调，在商品周围摆放着玩具娃娃、气球、彩色的盒子，来增加环境里愉悦的气氛（见图5-65、图5-66）。

图5-65　明快的色调更加符合儿童群体的爱好取向

图5-66　活泼可爱的装饰品在童装店的陈列中也很重要

5.4.2 食品店

5.4.2.1 点心店

食品是生活中的一个大项，瓜果蔬菜、鸡鸭鱼肉、零食甜品都有它们自己的专卖小店，而在店面陈列布置手法上基本一致，在这里简单地介绍一下最为流行的点心店的陈列手段。馈赠用成套商品、艺术蛋糕等采用展示陈列，至于一般性商品，如袋装饼干、巧克力等，做量感陈列，摆在中央陈列台、店头者居多。点心依照商品类别陈列在玻璃柜，和其他业种的量感陈列不同，因为依照商品类别，将同一种商品集中陈列，可解释为展示陈列，也可说是量感陈列。例如，根据面包种类和口味的不同依次划分，把它们摆放在各个货架、篮子和玻璃柜中，给人一种琳琅满目、应有尽有的感觉（见图5-67）。

图5-67　根据面包种类和口味的不同依次划分

而在“巴黎贝甜”、“好利来”这样的中高档甜品店中，摆放方式一般都选用干净、整洁的平铺式陈列，例如不同种类的面包按照不同的陈列方式摆放在各个特定的区域内，这样的陈列有利于消费者清晰直观地看到面包的样式，方便消费者选择，提升空间的品位和档次（见图5-68、图5-69）。

5.4.2.2 快餐店

快餐店是经营快餐并以盈利为目的的经营性实体店。快餐这个词最先是从国外引进来的。外国人发明了快餐，快餐文化也最先兴起于国外。历史上第一家快餐店是麦当劳兄弟创立的“麦当劳”。现今社会中随着社会经济的发展和人民生活水平的不断提高，快餐店的社会需求随之不断扩大，品牌质量、品位特色、卫生安全、营养健康和简便快捷也成为人们越来越关注的问题。所以快餐店的陈列技巧也非常讲究，既要美观，又要实用，不可信手拈来，随意堆砌。除了以文字（菜单）、照片、招贴等传统的方式对食物进行宣传外，还用其他一些新型的陈列方式对食物进行宣传。例如用橡胶将每种快餐的样子制成模型摆放在玻璃橱窗里，供顾客观看选择，这种陈列方式要比照片的形式更为直观，而且增加了餐饮空间中的趣味性，从而吸引顾客驻足消费（见图5-70、图5-71）。

图5-68　各个特定区域内陈列的面包种类不同

图5-69　干净卫生是面包店在陈列设计中比较重视的问题

图5-70　用橡胶将每种快餐的样子制成模型摆放在玻璃橱窗里，供顾客观看选择，效果直接明了（一）

图5-71　用橡胶将每种快餐的样子制成模型摆放在玻璃橱窗里，供顾客观看选择，效果直接明了（二）

再者，就是以实物的方式进行陈列，这种陈列一般都是针对方便快捷的西餐，西餐店将搭配好的食物放在透明的冷藏柜中，供顾客选择（见图5-72～图5-74）。

5.4.2.3　茶叶店

中国是茶的故乡，制茶、饮茶已有几千年历史，名茶荟萃，主要品种有绿茶、红茶、乌龙茶、花茶、白茶、黄茶、黑茶。茶有健身、治疾之药物疗效，又富欣赏情趣，可陶冶情操。茶叶已经成为中国人日常生活中不可缺少的一部分，所以茶叶店也遍布街头巷尾，茶叶店与甜品店、快餐店、热饮店这样的小店不同，它所销售的不仅是简单的商品，而且还承载了中国的传统文化，因此店面的设计和店内的陈列或多或少都要融入一些文化元素。例如茶叶店店面里的展柜、展架、座椅、桌子都采用的是传统的木质结构来凸显中国文化的特色，茶叶、茶具都整齐地摆放在展架上，像这类具有一定文化内涵的产品，在陈列中要以“精”为主，而不能以“多”为主，单个摆放使商品显得精致高档，相反叠加或堆放则会使商品显得杂乱繁多且廉价（见图5-75、图5-76）。

图5-72 西餐厅经常采用将搭配好的食物直接放在透明的冷藏柜中的陈列方式（一）

图5-73 西餐厅经常采用将搭配好的食物直接放在透明的冷藏柜中的陈列方式（二）

图5-74 西餐厅经常采用将搭配好的食物直接放在透明的冷藏柜中的陈列方式（三）

图5-75 传统木质结构的展具突出中国文化的特色，整齐的陈列更显产品的精致（一）

图5-76 传统木质结构的展具突出中国文化的特色，整齐的陈列更显产品的精致（二）

5.4.3 家居装饰店

家居饰品是指装修完毕后，利用那些易更换、易变动位置的饰物与家具，如窗帘、沙发套、靠垫、工艺台布及装饰工艺品、布艺、挂画、植物、装饰铁艺等，对室内进行的二度陈设与布置。家居饰品作为可移动的装修，更能体现主人的品位，是营造家居氛围的点睛之笔。它打破了传统的装修行业界限，将工艺品、纺织品、收藏品、灯具、花艺、植物等进行重新组合，形成一个新的风格、品味的装修理念。家居饰品可根据居室空间的大小和形状、主人的生活习惯、兴趣爱好和各自的经济情况，从整体上综合策划装饰装修设计方案，体现出主人的个性品位。例如具有装饰性的布艺花，这样的花摆放在室内可免于打理、四季常开，非常受消费者的喜爱，在店内的陈列中不同的花卉根据其形状和样式不同，以插花的形式插入样式各异的花瓶之内，根据高低错落的层次感将布艺花依次摆放，观赏性极佳（见图5-77）。

图5-77　不同的花卉根据其形状和样式不同，以插花的形式插入样式各异的花瓶之内

又如在灯具小店中，陈列方式都是按照灯具本身的功能对其进行摆放的，吊灯悬挂在吊顶之上，台灯摆放在展架之上，落地灯摆放在地面上，将不同的照明功能一一体现出来（见图5-78、图5-79）。

图5-78　按照灯具本身不同的功能进行陈列设计，将不同的照明功能一一体现出来（一）

图5-79　按照灯具本身不同的功能进行陈列设计，将不同的照明功能一一体现出来（二）

5.4.3.1 手工艺品店

手工艺品多半具有因目的购买的性质，所以，卖场内的陈列形式是依照商品分类的集中陈列方式来表示量感。设有橱窗的店铺，采用展示陈列，效果较好，强调厂商新产品时，也需采用展示陈列。由于商品种类偏向小件物品，所以，最好陈列在展示柜或壁面柜里。而消费者又以固定顾客为主，所以，肯在陈列上下功夫的店铺不多，如果不多加注意，可能变成仓库化陈列。例如手工艺品店内的陈列有两种：一是常规陈列，店内有固定规格的展柜（如长条形、方框形），将手工艺品摆放在其中，这样的陈列方式比较简单，也会使店面看起来更加整洁、明了（见图5-80）；二是场景陈列，即按照居家场景将手工艺品悬挂在墙上、摆放在桌子上，这样的摆放艺术感比较强，更容易刺激消费者的购买欲（见图5-81）。

图5-80 手工艺品的常规陈列

图5-81 手工艺品的场景陈列

5.4.3.2 钟表店

在大部分卖场中的一般钟表基本都采用并排排列的样式放置在展柜上。至于吊挂部分，只在钢管制的立体陈列架上挂些表带。除了挂钟以外，其余商品都属平面陈列，无法做立体陈列。因此在这里把钟表店作为一个小单元来讲——钟表的陈列是最典型的悬挂式陈列。不过，展示陈列时，不必拘泥纵式陈列，有时也可采取横式陈列。例如某钟表店内，各具特色的挂钟悬挂在墙上，既节省了店内的空间，又可以通过立体的形式将最佳展示效果传达给消费者（见图5-82、图5-83）。

图5-82 不同造型的挂钟整齐陈列在墙上，既节省了店内的空间，又可以通过立体的形式将最佳展示效果传达给消费者（一）

图5-83 不同造型的挂钟整齐陈列在墙上，既节省了店内的空间，又可以通过立体的形式将最佳展示效果传达给消费者（二）

5.4.3.3 家纺店

家用纺织品又称装饰用纺织品，与服装用纺织品、产业用纺织品共同构成纺织业的三分天下。作为纺织品中重要的一个类别，家用纺织品在居室装饰配套中被称为“软装饰”，它在营造与转换环境中有着决定性的作用。它从传统的满足铺铺盖盖、遮遮掩掩、洗洗涮涮的日常生活需求一路走过来，如今的家纺行业已经具备了时尚、个性、保健等多功能的消费风格，家用纺织品在家居装饰和空间装饰的市场中正逐渐成为新宠。

在家纺店的陈列中要注重以下陈列技巧。

（1）风格　风格、造型和色彩是最能打动消费者的东西。家纺店的陈列设计、同一区域的商品必须要做到风格统一。

（2）造型　卖场中的床和卧室中的床在不同场合起到了不同的作用。因为卖场中的床，其功能不仅仅是一张床，同时又承担着一个商业道具的功能。卖场中床上用品的展示，不单是卧室情景的再现，更多的是担任着一个无声导购员的角色。因此在卖场中为了吸引顾客，就必须要做一部分的造型。在进行床上用品造型时要结合产品的风格，总的原则是：整体简洁，小部分可以做一些造型，造型时切忌过于花哨。

（3）装饰品　家纺产品本身的尺寸和材质比较单一，可以通过添加一些其他的装饰品来丰富陈列主题和效果，如花瓶、花卉和小件的日用品等（见图5-84）。但所有添加的道具必须要做到与家纺的风格和主题吻合（见图5-85、图5-86）。而且所有装饰品的终极目标是将主要展示品衬托得更加美丽。如果顾客被床单上的一束花、一个台灯吸引的话，那就是陈列的一种失败（见图5-87）。

5.4.4 流行性商品店

由于整个店铺色彩丰富、鲜明，如果不考虑陈列方式，商品的魅力往往大打折扣。因此，可利用壁面上方做展示陈列，中央部分至下方做量感陈列来加以区分。在天花板等空间，用网子悬吊商品，也是一种好方法。橱窗可特别针对年轻消费者做商品的展示陈列，同时经常更换陈列的商品，以免减损店铺魅力。

图5-84　用靠枕打造的立体效果颇具吸引力

图5-85　同一色系产品的整齐陈列

图5-86 整洁安静的陈列方式与该品牌内涵一致

图5-87 色彩丰富却又井然有序的陈列

5.4.4.1 **装饰品店**

装饰品店以展示陈列为基本方式。不过，因商品体积小，如果不充分考虑管理问题，便容易发生商品丢失，而与消费者发生不必要的纠纷，这点需特别留意。陈列方式可分为以展示柜展示陈列及将商品直接悬挂起来展示陈列。同时，因商品种类、消费者年龄层不同，要做成使店铺整体有丰富感的陈列方式（见图5-88、图5-89）。

5.4.4.2 **主题类店**

主题类店是精品小店里面较特殊的类型，它所销售的商品概括的范围非常广，商品种类异常繁多，在一些地方与专卖店相似。一般以主题类经营的精品小店在开店之初就决定了目标消费人

图5-88 种类丰富的产品在陈列上更要注意整齐一致

图5-89 展示柜在装饰品店的陈列中比较重要

群，光顾小店的消费者大多是倾心于该主题的或者是对该主题有兴趣的人，所以，只要是在该主题之内的商品，都可以在店内销售。例如某家以哆啦A梦为主题的精品小店，不论是餐具、家具或者是书籍，只要是关于哆啦A梦的，在店内都是会受到消费者欢迎的（见图5-90～图5-94）。

图5-90　哆啦A梦主题小店的店头设计

图5-91　logo设计

图5-92　店内产品均以哆啦A梦为主题

图5-93　贴纸、挂件、钟表一应俱全

图5-94　手袋、衣服、收纳筐等都是动漫迷们喜欢的物品

5.4.5 生活用品店

5.4.5.1 化妆品店

化妆品类与服饰类的感觉差不多，但是化妆品类的更新次数可能并不如服饰类那么频繁，但是依旧不能阻挡化妆品类的精品小店人气之旺，特别是年轻的女性消费者，在化妆品的选择上都是煞费苦心，她们不会草草了事，都会细心与店家交流商品的使用性能、显示效果之类的问题。所以，化妆品类的精品小店在与消费者的交流方面要比别种类型的店面更加费心，因为化妆品本身的商品属性就决定了经营店面的特点。除了在与消费者的交流上，化妆品类商品的质量和种类也是需要慎重考虑的地方。

化妆品的柜台、橱窗，以展示陈列最具效果，而其他货架采用量感陈列。尤其是化妆品的关联商品、日用品杂货类，更需要百分之百采用量感陈列，至于量感陈列的形状，分为增加商品种类的陈列、同一种商品的丰富感两种。不过，化妆品还是依照化妆杂货、日用杂货加以分类来进行陈列比较好（见图5-95、图5-96）。

图5-95　可移动的陈列展具

图5-96　精品小店内的陈设和布局

5.4.5.2 体育用品店

体育用品店是专门提供体育用品销售的场所，其中以经营足球、篮球、乒乓球、羽毛球等主流体育运动产品为主，以一些冷门的体育运动产品为辅，甚至可以包括象棋、围棋等棋牌类产品，是经营范围比较广泛的产业。体育用品店所需要的货品非常多，可以宽泛到日常生活中所使用的各类器具与物品，除了球场使用的喇叭、望远镜、油彩、旗帜，还有带有标志的服装、护腕、头带、帽子、标语、彩色气球、充气小产品，甚至各类礼品、各参赛队的资料、球星资料、照片、字迹等组合搭配形成的小画册、录像带等，所以体育用品店在陈列的时候要格外注重分类。例如某小店，球、衣衫、鞋子等同一类物品陈列在同一个区域，整齐且按照一定顺序排列，这样就不会使琐碎细小的商品看起来杂乱无章、难以识别（见图5-97、图5-98）。

图5-97　球、衣衫、鞋子等同一类物品陈列在同一个区域

图5-98　充满活力的体育用品店

5.4.5.3　五金店

五金是指金、银、铜、铁、锡五种金属材料的合称，五金店的陈列应该是以量感为主，店内的陈列要朴实、简单，五金属于建材的一个小分支，成本相对较低，商品的销售以量的多少来决定，所以五金行的中央台、壁面柜均采用量感陈列表示商品的丰富感，例如把同一种商品进行归类放在同一个区域内，盒装的商品和捆装的商品采用的是自上而下叠加的方式摆放，而散装的商品（如钉子、螺丝）以堆积的方式放在一起（见图5-99、图5-100）。

图5-99　盒装的商品和捆装的商品采用自上而下叠加的方式摆放

图5-100　散装的商品以堆积的方式放在一起

5.4.5.4 陶器、瓷器店

馈赠用商品以展示陈列最具效果。其实，有许多商品不能采用量感陈列，如成套商品、花瓶、餐具组、茶具组等，必须采用展示陈列才能展现商品的魅力。在陶器或瓷器专柜中，就不能采用量感陈列，那样会降低商品的格调。例如青花瓷、彩瓷、彩泥、陶泥这样的工艺品，都是以单个且不重复的形式依次横向陈列于造型各异的展柜之上，在展柜和周边环境的衬托下会使商品显得精致而细腻，提升了商品的格调（见图5-101 ~图5-104）。

图5-101 别具匠心的展具造型

图5-102 色彩斑斓的瓷器展示

图5-103 照明柔和、氛围温馨的小店

图5-104 简单整洁的陶器店

第6章 精品小店实例分析与展示

6.1 案例一：云南丽江“柴蟲”精品小店
6.2 案例二：“TIAS”服装店
6.3 案例三：巴塞罗那“Nino”精品鞋店
6.4 案例四：“T-Magi”零售茶店
6.5 案例五：特拉维夫“Delicatessen 2”服装店

6.1 案例一：云南丽江“柴蟲”精品小店

这是云南丽江“柴蟲”精品小店设计方案。“柴蟲”又名“木花”，长约2厘米，两头呈锥形，身体为乳白色，有红色小斑点，无毒。佤族人将它视为一种图腾。所以以“柴蟲”作为店名是有一种吉祥寓意在其中的。“柴蟲”小店所面对的消费者是游客，所以店内商品全是特色纪念品。“柴蟲”出售各种手工木质挂件和鱼形饰品。做工相当精细，主料和配料的选择都非常用心。小店内不仅有很多发卡和木头做的鱼形胸针，还有木头小花造型的扎头绳等。整个小店在装饰上都采用的是原木风格，店头的设计采用了具有当地特色的东巴图腾纹样，店面所选择的装修材料也是极具地域特色的麻绳、东巴纸、原木等（见图6-1 ~图6-9）。

图6-1　店面的外延布满了各种木雕和极具当地特色的风铃

图6-2　门口摆放着具有当地地方特色和文化寓意的图腾木雕

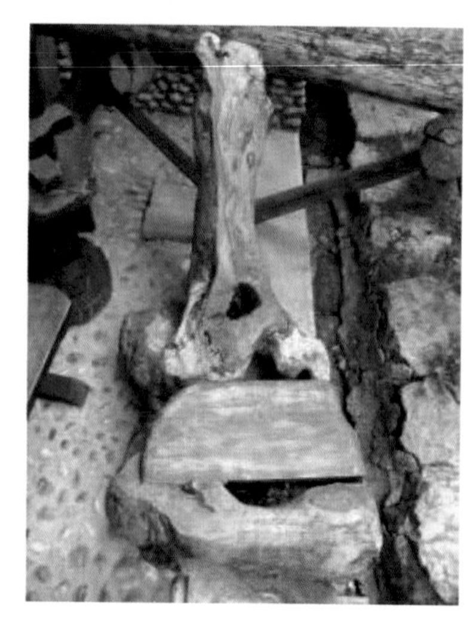

图6-3　造型各异的木雕装饰品

图6-4　店面外延悬挂着东巴纸灯

图6-5　店内以不同的方式陈列着各种小饰品

图6-6　整齐陈列的饰品方便顾客挑选

图6-7　分层旋转式的陈列新颖别致

图6-8　淳朴精美的店内装饰

图6-9　店内各种不同的小饰品以各种不同的形式陈列在各种特色展架上

6.2 案例二："TIAS"服装店

"TIAS"服装店坐落于湖南长沙市中心，店铺分为上下两层，面积达200平方米。直接临街，外墙立面极富原创个性，令人惊叹，实现了湖南长沙这一潮流汇集中心的时尚与完美。

大气的店铺外观以及现代简洁的大玻璃橱窗设计，让顾客一进门便能感受到高雅气息。店内

图6-10　夜晚的店面整体造型

图6-11　白天的店面整体造型

图6-12　店面门口花团锦簇，一派庆祝的气氛

图6-13　灯光照明层次分明，烘托氛围

Know1edge品牌形象大使的图片逐目皆是，诠释着品牌与潮流的深厚渊源，而玻璃和室内空间在细节处的大量运用与独特结合，不仅增添了通透感，也让每一位进入“TIAS”的顾客都能在一个明亮、舒适、优雅的环境中享受细致入微的服务。水泥和大量木质结构加上温馨的灯光更造就了让顾客想要停留的感觉，希望购物的过程能够使“TIAS”的顾客留下一个美妙的回忆。外观金属和玻璃的使用也使得店铺整体感觉更富有现代气息，质感十足，轻快时尚，“TIAS”更将一贯大气典雅而不乏动感的潮流风格推向了新的高度（见图6-10 ~图6-28）。

图6-14　玻璃和钢筋结构的隔断设计

图6-15　店面风格时尚前卫

图6-16　通透干净的玻璃增强了店面的通透感

图6-17　绿影环绕、令人惬意的休息区

图6-18　朴实的木质地板更加衬托了神秘之感

图6-19　天花板的暗色处理与整体氛围相符

图6-20　背景墙的设计强调质感

图6-21　狭小的橱窗陈列着“镇店之宝”

图6-22　滑板的多彩和墙面的质朴形成对比

图6-23　浑厚暗沉的展柜与五颜六色的服装陈列

图6-24　服装的分类陈列

图6-25　潮流服装非常注重品牌的logo设计

图6-26　鞋类的陈列简单整齐

图6-27　陈列商品数量少却质量精

图6-28　帽子和包具的重复陈列

6.3 案例三：巴塞罗那“Nino”精品鞋店

这是一家位于西班牙巴塞罗那的精品鞋店，由Dear Design团队设计而成。“Nino”鞋店的所有功能都容纳在一个不足25平方米的空间内。设计团队利用玻璃的透明特质使空间呈现出现代感，干净整齐，有条不紊。店内分两部分，即柜台和橱窗，所有的一切都是为了使顾客最大限度地获得空间和效率。展示家具从室内和室外都能看见，所以橱窗有两种“解读”方式。这样设计的目的在于增大暴露空间的有效性（见图6-29～图6-37）。

图6-29　“Nino”鞋店的整体店面形象

图6-30 “Nino”鞋店的侧面设计（一）

图6-31 “Nino”鞋店的侧面设计（二）

图6-32 “Nino”鞋店的整体空间不足25平方米

图6-33　整体的陈列展具占据了很大的空间

图6-34　店面的另一侧是包具的展示空间

图6-35　供给客人休息的区域离鞋类的展示区最近

图6-36　背景墙的色彩设计是店内最显眼之处

图6-37　从外部向里看到的景象

6.4 案例四："T-Magi"零售茶店

这是来自丹麦哥本哈根的建筑事务所WE architecture 为其本地专售法国茶叶品牌Mariage Freres的"T-Magi"茶店设计的全新零售店面空间。货架上整齐排列的小孔排列成一个茶壶的形状，而当光从镂空茶壶造型在柜台和背景柜台上射出，似乎传达了一丝茶的抽象禅意。商店有一个由软木塞封口的玻璃烧瓶组成的墙面，并且烧瓶内部均装有茶，可以方便客户闻不同品种样品（见图6-38～图6-48）。

图6-38　面积不大的"T-Magi"茶店通体采用白色

图6-39　展具不但色彩简洁，结构也非常简单

图6-40　店内的灯光设计暗藏玄机

图6-41　照明色彩与店面设计相统一

图6-42　商品的重点照明设计

图6-43　商品的色彩与展具形成对比

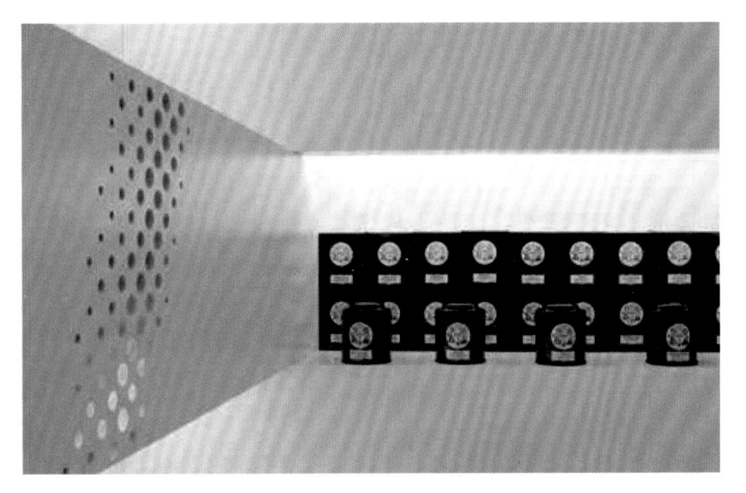

图6-44 精致的商品陈列

图6-45 商品的多彩与简洁的背景

图6-46 同类但不同造型的商品陈列

图6-47　商品的细节展示

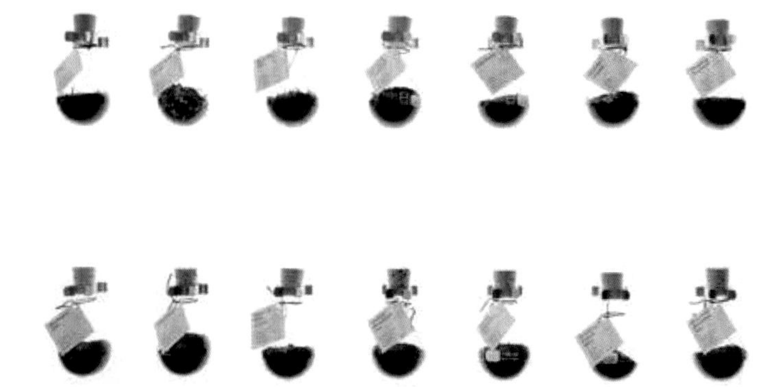

图6-48　重复陈列的手法非常适用

6.5 案例五：特拉维夫“Delicatessen 2”服装

由纽约Z-A工作室设计的这家服装店位于以色列特拉维夫市，店名叫“Delicatessen 2”。它最大的亮点在于那块用来陈列产品的插钉板，空间布局可以根据陈列需要、品牌更新或仅仅随季节的变化而变化。设计师们在5米高的墙上制作了一块巨型插钉板，让灯光从背后照射出来。那些粗糙的五金材料变成了环绕整间服装店的临时性花边装饰。除了这个垂直的插钉板，横向的陈列装置由一些回收家具改造而成。那些装置被挂在插钉板上的服装隔开，好像是从墙里扯出来的一样，露出黄色的内衬。之所以选择插钉板的造型，是因为它是最灵活的陈列设施。使用这种材料，店内的陈列空间可以不断变化、延伸和变形。经常光顾的客户习惯了商品的变化，突然有一天踏入服装店，发现店内又出现了新的变化，一定会感到异常惊喜。这样一来，店内的灵活变化就会给客户留下深刻的印象，他们会经常光顾这家服装店，因为他们期待看到全新的转换（见图6-49～图6-62）。

图6-49　正常照明的店面效果

图6-50　减弱照明的店面效果

图6-51　店内空间有限，但是服务设施一应俱全

图6-52　白色与黄色的搭配绚烂多姿

图6-53　从店内向外看到的景象

图6-54　可以灵活使用的插钉板是店内最大的亮点

图6-55　插钉板可以形成不同的陈列形状

图6-56　从二层向下看到的店面全景

图6-57　陈列方式的多样性能够给店铺带来新鲜感

图6-58　不同区域的陈列方式各不相同

图6-59　整体墙面布满了插钉

图6-60　服务区域的设计

图6-61　即使没有陈列商品，插钉也可当成墙面的装饰品

图6-62　包具和配饰的简洁陈列效果

参考文献

[1] 乐嘉龙. 中小商店门面装饰精华. 北京：气象出版社，1995.

[2] 隋晓明. 这样开店最赚钱. 北京：金城出版社，2011.

[3] 魏积军. 商业空间设计与展示艺术手册. 重庆：重庆出版社，2002.

[4] 赵金蕊，李严锋. 卖场营销学. 杭州：浙江大学出版社，2010.

[5] 曹千里. 美丽店面：精品店店面装饰设计. 哈尔滨：黑龙江科学技术出版社，2004.

[6] 周昕涛. 商业空间设计. 上海：上海人民美术出版社，2009.